Ein großer Schritt für die Menschheit

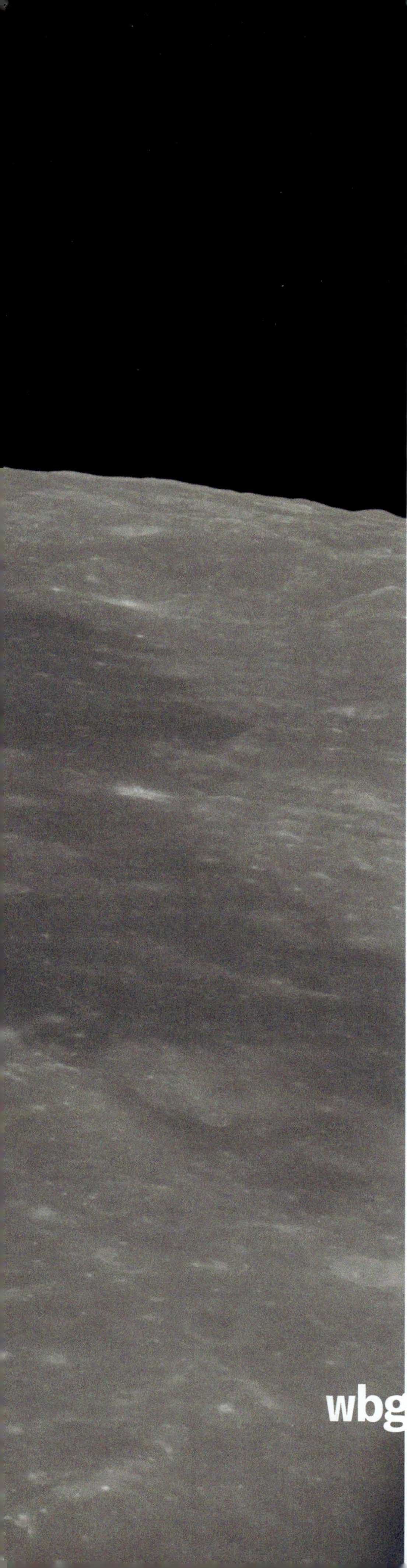

Ein großer Schritt für die Menschheit

50 Jahre Mondlandung

Herausgegeben
in Zusammenarbeit
mit bild der wissenschaft

wbg THEISS

Die Deutsche Nationalbibliothek verzeichnet diese Publikation in der Deutschen Nationalbibliografie; detaillierte bibliografische Daten sind im Internet über http://dnb.de abrufbar.

wbg THEISS ist ein Imprint der wbg.

Die Herausgabe des Werkes wurde durch die Vereinsmitglieder der wbg ermöglicht.
Redaktion: Zeitschrift bild der wissenschaft
Chefredakteur: Prof. Dr. Christoph Fasel (v.i.S.d.P.)
Projektleitung und Konzeption: Rüdiger Vaas
Bildredaktion: Ruth Rehbock
Layout, Satz und Prepress: schreiberVIS, Seeheim
Einbandabbildungen: © NASA
Einbandgestaltung: Harald Braun, Helmstedt
Gedruckt auf säurefreiem und alterungsbeständigem Papier
Printed in Germany

Besuchen Sie uns im Internet: www.wbg-wissenverbindet.de

ISBN 978-3-8062-3791-7

Elektronisch sind folgende Ausgaben erhältlich:
eBook (PDF): ISBN 978-3-8062-3798-6
eBook (Epub): ISBN 978-3-8062-3799-3

Inhalt

Eine neue Ära der Menschheit

Das ist der letzte Tag der alten Welt", meinte der Science-Fiction-Autor Arthur C. Clarke, als am 21. Juli 1969, nachts um 3:56 Uhr Mitteleuropäischer Zeit, die Landefähre Eagle im Mare Tranquillitatis aufsetzte, dem „Meer der Stille". Damit erreichte eines der größten Abenteuer der Menschheit seinen Höhepunkt: die erste bemannte Landung auf einem anderen Himmelskörper.

Im Epilog des Buchs *First on the Moon*, das Neil Armstrong, Edwin „Buzz" Aldrin und Michael Collins ein Jahr nach dem von ihnen vollzogenen Phasenübergang der Menschheitsgeschichte veröffentlicht hatten, imaginierte Arthur C. Clarke mithilfe einer Karikatur aus dem *New Yorker* einen plumpen archaischen Fisch, der halb an Land gekrochen war, „während ein paar Meter weiter im Hintergrund ein Artgenosse unruhig und zögernd im tieferen Wasser verharrte. Der unerschrockene Abenteurer [...] sah sich nach seinem ängstlichen Gefährten um. Und mit gönnerhaftem Ausdruck sagte er: ‚Weil *dies hier,* mein Junge, der Ort der Handlung ist'".

Nach dem Aufbruch auf das Festland folgte der Aufbruch in die Lüfte, und auch das konnte nicht genügen. Erst mit dem Aufbruch ins All wurden die Abkömmlinge dieses imaginären Fischs ihrer Welt als Ganzes gewahr – und wie winzig das ist, was sie für

Fremde Welt: Astronaut Harrison Schmitt, der erste und einzige ausgebildete Geologe auf dem Mond, bei der Arbeit an einem Felsbrocken am North Massif beim Tal Taurus-Littrow. Apollo 17 im Dezember 1972 war die letzte Mission, bei der Menschen eine niedrige Erdumlaufbahn verlassen und einen anderen Himmelskörper betreten hatten.

„alles" gehalten hatten. In diesem Moment einer planetarischen Geschichte transzendierte sich das Leben erstmals selbst. Und dann betrat es eine fremde Welt.

Dieser Weg vom Land zum Mond, der „giant leap" im Jahr 1969, erscheint vielen inzwischen so fern, abstrakt und unwirklich wie der Weg vom Ozean ans Land. Und doch ist er nicht nur ein fester Bestandteil des kulturellen Gedächtnisses – gefühlt auch meine allererste Erinnerung –, sondern noch immer präsent auf Erden. Das wurde mir am deutlichsten bei dem Gespräch mit Buzz Aldrin bewusst, von dem ich auf den Seiten 52 bis 57 berichte, aber auch bei den Begegnungen mit Charles Duke, der im November 2017 in Stuttgart von seiner Mondlandung mit Apollo 16 erzählte, sowie mit Alfred Worden, der zwei Jahre zuvor – ebenfalls auf einer Raumfahrkonferenz in Stuttgart – seinen Flug mit Apollo 15 rekapitulierte; er war damals der einsamste Mensch überhaupt über der erdabgewandten Seite des Mondes.

Lunare Anthropologie

Das außerirdische Kunststück, das Armstrong, Aldrin und Collins 1969 vollbracht hatten, nimmt das Monatsmagazin *bild der wissenschaft* zum Anlass, ein Sonderheft zum 50-jährigen Jubiläum der ersten Mondlandung zu veröffentlichen. Der vorliegende Band ent-

Ausstieg im Meer der Ruhe: Das Foto von Neil Armstrong zeigt die Landefähre Eagle beim Ausstieg von Edwin Aldrin im Juli 1969.

stand in Zusammenarbeit mit der Wissenschaftlichen Buchgesellschaft und erscheint bei dieser als Buch. Gemeinsam mit Thomas Bührke und Thorsten Dambeck – zwei renommierten Buchautoren und versierten Wissenschaftsjournalisten, die mit ihren Beiträgen seit vielen Jahren *bild der wissenschaft* bereichern – rekapituliere ich auf den folgenden Seiten nicht nur den Aufbruch zum Mond und die Erkenntnisse, die die Astronauten zur Erde zurückbrachten. Wir berichten auch über aktuelle Resultate der Erforschung des Erdtrabanten und wagen einen Blick in die Zukunft der Weltraumfahrt. Außerdem verdeutlichen wir die Rolle des Mondes in einem umfassenderen kulturellen Kontext: von der Dichtung und Bildenden Kunst bis zur Musik und Philosophie.

Der Mond beschäftigt die Phantasie der Menschen wohl so lange sie existieren. Schon vor Jahrtausenden erkannten sie die Regelmäßigkeiten seiner zu- und abnehmenden Erscheinung und gaben ihm einen Platz in ihrer Vorstellungswelt. Trotz aller Wissenschaft blieb der stille Wanderer nicht nur Licht- und Trostspender, sondern auch eine Projektionsfläche für allerlei Sehnsüchte, nicht zuletzt der Liebenden.

Der irdische Begleiter ist eben viel mehr als eine nächtliche Lichtquelle und ein hochinteressanter Gegenstand naturwissenschaftlicher Forschung. Er ist mit dem Wesen und Schicksal des Homo sapiens weitaus enger verbunden, als der sich dieses gemeinhin zugesteht. Man könnte geradezu von einer lunaren Anthropologie sprechen. Diese hat räumliche, zeitliche und existenzielle Dimensionen.

- Ohne Mond keine Menschen: Der Trabant hat durch Licht und Schwerkraft die Evolution des Lebens beeinflusst.
- Sprungbrett zu den Sternen: Der Mond ermöglicht gewissermaßen erst eine langfristige Zukunft – wenn der Mensch denn eine haben wird. Andernfalls bleiben dereinst die Spuren der Mondlandungen die letzten Zeugnisse der Menschheit.
- Die lunare Landschaftskunde mit Augen, Teleskopen und vor Ort steht für die erste Erkundung einer anderen Welt.
- Die Mondphasen und Finsternisse waren eine Keimzelle der Wissenschaft.
- Die Mondflüge und Analysen des Mondgesteins eröffneten einen neuen Blick auf die Erde.
- Ohne den Mond könnte der Mensch im Erdenstaub sich schwerlich selbst verstehen – geschweige denn über sich hinauswachsen.
- So ist der Mond zugleich Sehnsuchtsort, Spiegel und eine schauderhafte Schimäre. Er inspirierte das Denken (bis hin zur Science-Fiction), seine „magnificent desolation“ (Buzz Aldrin) ist das „ganz Andere“, aber auch eine Chiffre der Heimatlosigkeit (Michael Collins war sogar der erste wirklich Einsame).
- Schließlich dient der Mond als eine ambivalente und unerschöpfliche Metapher von Leben, Sehnsucht und Tod. Von der Kunst und Dichtung bis hin zur Philosophie. Vom utopischen „Homo spaciens“ (Frank White) bis zur nihilistisch-anthropofugalen „Vermondung“ der Erde (Ulrich Horstmann). Von den mythischen Göttern bis zur Apokalypse in 7,6 Milliarden Jahren, wenn er wie die Erde von der zum Roten Riesen aufgeblähten ausgebrannten Sonne verschlungen wird. Und vom Lampion der Liebenden bis zum blutroten Zeugen der Verzweiflung (in Georg Büchners *Woyzeck*).

Teleskope, Fotografien, Sonden – und dann der Mensch

„Es war eine Zeit, wo man den Mond nur empfinden wollte, jetzt will man ihn sehen“, meinte Johann Wolfgang von Goethe einmal. In einer beispiellosen technischen Evolution nahm dieses Sehen immer subtilere, wenn zunächst auch indirekte Formen an, bis schließlich zwölf Menschen unmittelbar das Licht einer neuen Welt erblickten, nur durch den Helm ihres Raumanzugs von der sonderbaren Schönheit einer völlig fremden Landschaft getrennt.

Drei Durchbrüche bis dahin markieren die Etappensiege: die Entwicklung des Teleskops, der Fotografie und der Raumfahrt.

Das Teleskop weitete und schärfte die menschlichen Augen. Als es Galileo Galilei ab 1609 für seine astronomischen Beobachtungen nutzte, entdeckte er nicht nur die Sonnenflecken, die Venusphasen, vier Monde Jupiters und die Sterne der Milchstraße, sondern sah auch den Erdtrabanten auf eine neue Weise, wie seine weltberühmt gewordenen Zeichnungen alsbald bezeugten. Seine Erkenntnisse und Schlussfolgerungen revolutionierten das wissenschaftliche Weltbild wie nur wenige andere Einsichten.

Mit der Erfindung der Fotografie 1839 von Louis Jacques Mandé Daguerre und Joseph Nicéphore Nièpce setzte eine neue Epoche der Mondforschung ein und eine Erweiterung der Weltwahrnehmung insgesamt – bis hin zu einem wahrlich fotografischen Gedächtnis. Bis zu den ersten scharfen Mondfotos mussten freilich noch Jahre vergehen. (Sehr eindrucksvoll sind etwa die 1865 von Lewis Morris Rutherfurd gemachten Aufnahmen – übrigens mitten aus Manhattan, was aufgrund der Lichtverschmutzung dort so heute gar nicht mehr möglich wäre…)

Die Raumfahrt schließlich rückte dem Erdtrabanten immer näher zu Leibe. Zunächst war die Sowjetunion schneller. Nach zehn Fehlschlägen erreichte Luna 2 am 14. September 1959 den Mond (geplanter harter Aufschlag). Am 4. Oktober desselben Jahres fotografierte erstmals Luna 3 die erdabgewandte Seite. Am 3. Februar 1966 gelang mit Luna 9 die erste kontrollierte Landung. Am 3. April 1966 wurde Luna 10 der erste Mondsatellit. Im gleichen Jahr folgten der Orbiter Luna 12 und die weiche Landung von Luna 13. Nach mehreren Fehlschlägen schlug als erste Raumsonde der USA am 26. April 1962 Ranger 4 auf dem Mond auf (allerdings war der Kontakt bereits nach dem Start drei Tage zuvor abgebrochen). Erfolgreich war

Zeichnung des Mondes von Galileo Galilei nach seinen teleskopischen Beobachtungen, veröffentlicht im *Sidereus Nuncius* 1610.

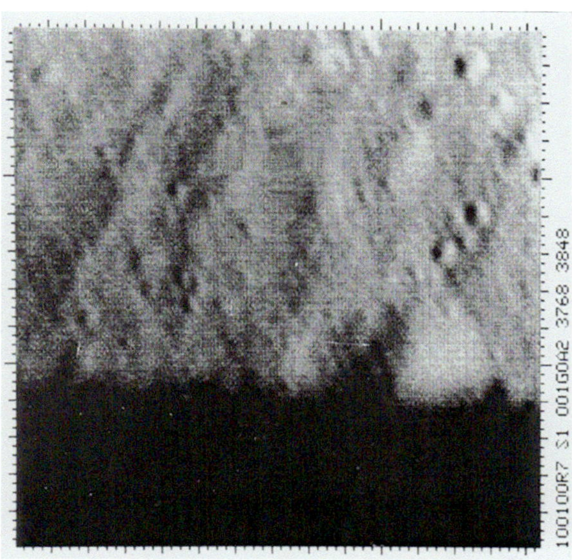

Eine Fünftelsekunde vor dem Aufprall: Erste lunare Detailaufnahme, fotografiert von der Raumsonde Ranger 7 am 31. Juli 1964 um 13:25 Uhr Weltzeit aus 519 Meter Distanz.

Eines der besten frühen Mondfotos, aufgenommen am 6. März 1865 von Lewis Morris Rutherfurd mitten in New York City. Erstmals war der Mond 1840 abgelichtet worden.

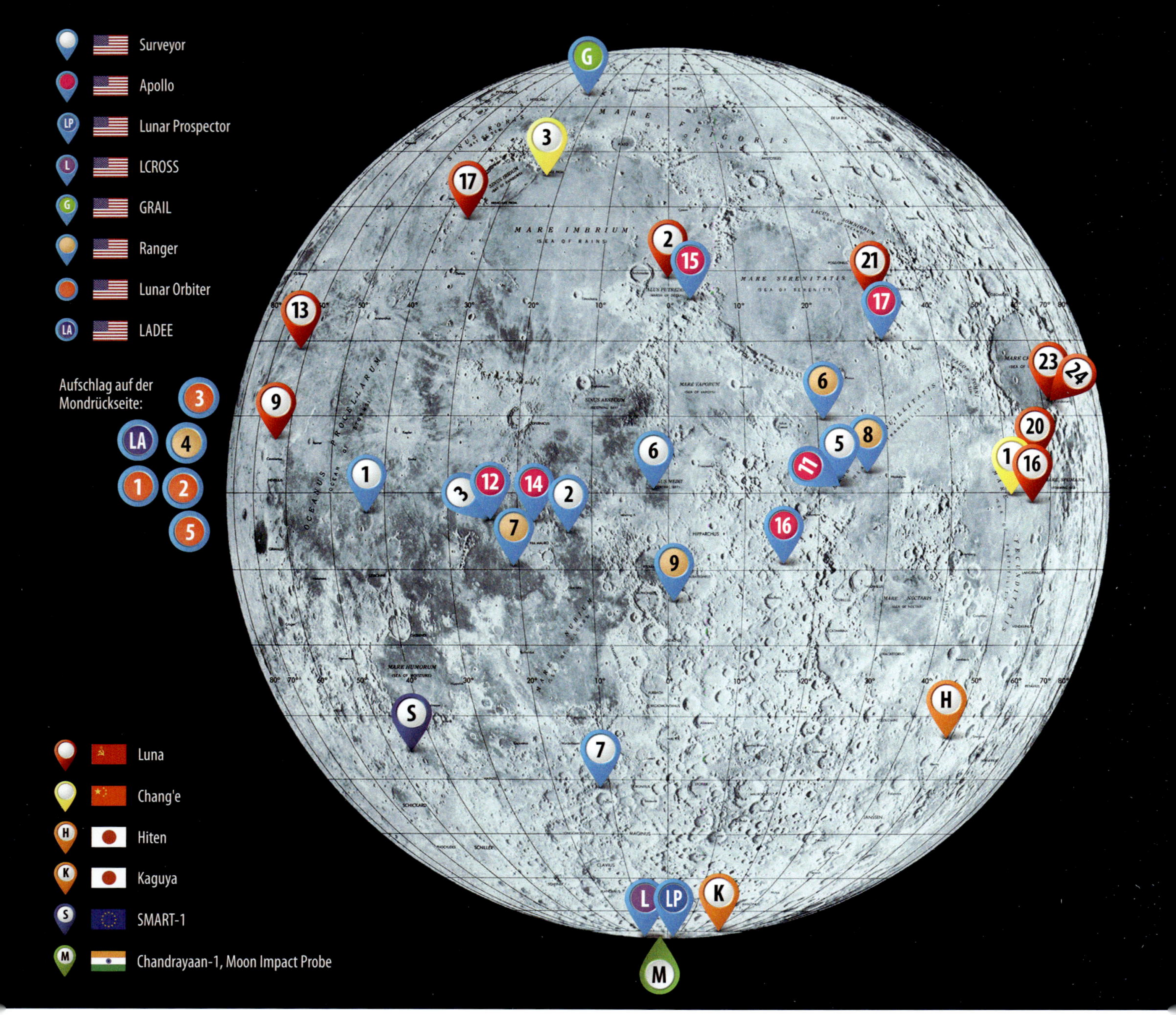

Lunarer Kontakt: Lokalisation aller harten und weichen unbemannten sowie der sechs bemannten Mondlandungen seit 1959.

dann die Sonde Ranger 7, die vor ihrem Aufprall im Mare Cognitum am 31. Juli 1964 die ersten lunaren Nahaufnahmen lieferte. 1965 folgten Ranger 8 und 9. Am 17. April 1967 landete Surveyor 3 weich – wie in den darauffolgenden neun Monaten auch Surveyor 4 bis 7. Die mit einer Auflösung von 60 Metern und besser fotografierten Bilder der 1966 und 1967 gestarteten fünf Lunar Orbiter lieferten die Grundlage für den ersten genauen Mondatlas, der jahrzehntelang konkurrenzlos war.

Erst mit dem Lunar Reconnaissance Orbiter begann eine neue Phase. Er scannt seit September 2009 den Mond in bisher unerreichter Datenqualität: Seine Fotos zeigen Details von 50 Zentimeter Größe oder weniger pro Pixel; jedes Bild besitzt 500 Millionen Pixel. Wenn der Satellit bald sein Ziel erreicht hat, 99 Prozent der lunaren Oberfläche abzulichten, werden es wohl eine Million Aufnahmen sein.

Den Maschinen folgten die Menschen. Mithilfe von Maschinen selbstverständlich – allen voran die mit 110,6 Meter Höhe und 2934,8 Tonnen Startmasse größte jemals gebaute Rakete: die von Wernher von Braun und seinem Team entwickelte Saturn V.

Erstmals zum Mond und zehnmal um ihn herum flogen Frank Borman, James Lovell und William Anders (Apollo 8 im Dezember 1968), gefolgt von Thomas Stafford, John Young und Eugene Cernan (Apollo 10 im Mai 1969). Bereits ein gutes halbes Jahr nach Apollo 8 landeten dann Neil Armstrong und Buzz Aldrin mit der Fähre Eagle von Apollo 11 und vollzogen den sprichwörtlichen kleinen Schritt, der den (ersten) großen Sprung der Menschheit vollendet hat, „one small step for [a] man, one giant leap for mankind" – eine Bemerkung von Armstrong übrigens, die dieser sich erst kurz vorher auf dem Mond überlegt hatte. Insgesamt zwölf Astronauten betraten den Erdtrabanten, hielten sich auf seiner Oberfläche zusammen rund 160 Stunden außerhalb ihrer Fähren auf, machten zahlreiche wissenschaftliche Experimente und Messungen sowie etwa 17 000 Fotos. Außerdem brachten sie insgesamt 382 Kilogramm Mondgestein zur Erde, das noch immer erforscht wird.

Das zwölfjährige Apollo-Programm, das damals rund 25 Milliarden US-Dollar kostete (über 140 Milliarden in heutiger Kaufkraft), war das bislang teuerste Einzelprojekt der Menschheit. Weit mehr als eine politisch-strategische Machtdemonstration, zeigte es, wozu menschliche Intelligenz und Kooperation fähig sind, wenn es ein gemeinsames konstruktives Ziel gibt. Und die kulturellen Folgen sind bis in die Gegenwart offenkundig: von dem technisch-wissenschaftlichen Schub bis hinein in nahezu alle Bereiche des Lebens. Dies auch ganz praktisch, denn ohne die Mondlandungen wären die Entwicklungen der Computertechnologien, Miniaturisierung, Messtechnik, Telemetrie, Wasserfilter, Gefriertrocknung und so weiter nicht oder nicht so rasch verlaufen (schon ihr Jahresumsatz übertrifft die Apollo-Kosten bei weitem).

Epochaler Wendepunkt

Apollo 11 markiert einen epochalen Wendepunkt in der Menschheitsgeschichte. Er ist allenfalls vergleichbar mit der Nutzung des Feuers und der Ausbildung sesshafter Kulturen mit Ackerbau und Viehzucht. Von eher kleinlichen, aber doch großformatigen Motiven getrieben – ein stolzgeschwellter Wettlauf („space race") von 400 000 Kilometern in einem mindestens über 10^{18} Mal so großen Universum –, entstand 1969 also etwas Neues (zumindest im Sonnensystem, wenn nicht in der Galaxis): der Schritt über einen kosmischen Abgrund.

Wenn die Menschheit, oder was immer ihr folgt, langfristig eine Zukunft hat, dann nur mithilfe der Raumfahrt – und spätestens in einigen Jahrhundertmillionen auch auf anderen Himmelskörpern und zwischen den Sternen. Bis dahin wird das Allermeiste, was man heute mit scheinbarer Wichtigkeit diskutiert oder mit Dünkel fabriziert, vergessen sein. Aber die Landung von Menschen auf dem Mond wird die Heldentat unserer Zeit bleiben – als der Absprung in eine neue Ära.

Ad astra!

Rüdiger Vaas,
Astronomie- und Physik-Redakteur
von *bild der wissenschaft*

Entnahme einer Gesteinsprobe durch Harrison Schmitt 1972. Der Stab im Vordergrund diente zur Bestimmung der Position und Gravitationsrichtung.

Charles Duke von Apollo 16, der im April 1972 den Mond betrat, mit Rüdiger Vaas im November 2017.

Der Aufbruch ins All

Aufbruch, Schock und Weltraumrennen

Sputniks Piepsen und die Folgen – der Beginn des Raumfahrt-Zeitalters

Der erste Satellit: Sputnik 1 (Testmodell).

Der erste künstliche Satellit hat bereits im Jahr 1687 die Erde umrundet – eine Bleikugel, die Isaac Newton als Gedankenexperiment diente, um seine Gravitations- und Bewegungsgesetze zu erläutern. 1869 folgte *Der Backsteinmond* in der gleichnamigen Science-Fiction-Erzählung des britischen Pfarrers Edward Everett Hale. Bis aus der Phantasie Realität wurde, musste aber noch einige Zeit vergehen. Erst am 4. Oktober 1957 um 22:28 Uhr und 34 Sekunden Moskauer Zeit begann auf Kasachstans Weltraumbahnhof Baikonur mit dem Start des ersten Sputnik (russisch für „Begleiter, Trabant") die Epoche der Raumfahrt.

Sputnik 1 war eine 83,6 Kilogramm schwere Aluminiumkugel mit vier über zwei Meter langen Teleskopantennen, die die berühmten Piepstöne als Radiosignal von 15 und 7,5 Meter Wellenlänge über den Erdball funkten. In der 58 Zentimeter großen Hohlkugel befanden sich neben Sender und Batterien nur noch ein Ventilator und ein paar Mess- und Regelinstrumente. Trotzdem sorgte der Satellit, der die Erde alle 96,17 Minuten einmal auf einem elliptischen Orbit in 228 bis 947 Kilometer Höhe und 65,6 Grad Bahnneigung zum Äquator umrundete, weltweit für Aufsehen – auch ganz wörtlich, denn am Morgen- und Abendhimmel konnte er mit Ferngläsern beobachtet werden, bis er am 4. Januar 1958 nach 1400 Erdumkreisungen in der Atmosphäre verglühte. Seine Funksignale waren 21 Tage lang zu hören gewesen.

„In den Vereinigten Staaten ließen sie den unsichtbaren Sendboten einer potenziell feindlichen Nation sehr real und nahe erscheinen", schrieb die *New York Times*, die dem Kunststern am 5. Oktober eine dreizeilige Headline widmete. Die sowjetische Staatszeitung *Prawda* dagegen hatte den Start in ihrer Ausgabe vom selben Tag nur in einer kleinen Kolumne auf der ersten Seite erwähnt – nicht einmal mit einer eigenen Überschrift. Man beschränkte sich auf einige technische Daten sowie eine Erinnerung an den russischen Raumfahrtpionier Konstantin Ziolkowski und wagte einen Blick in die Zukunft: „Künstliche Erdsatelliten werden den Weg zu interplanetarischen Reisen ebnen." Am 6. Oktober, als KPdSU-Chef Nikita S. Chruschtschow Sputniks Propaganda-Wert erkannt hatte – nach dessen Start hatte sich er nach späterer Aussage „ruhig ins Bett" gelegt – war die Titelseite der *Prawda* fast ganz dem Satelliten gewidmet.

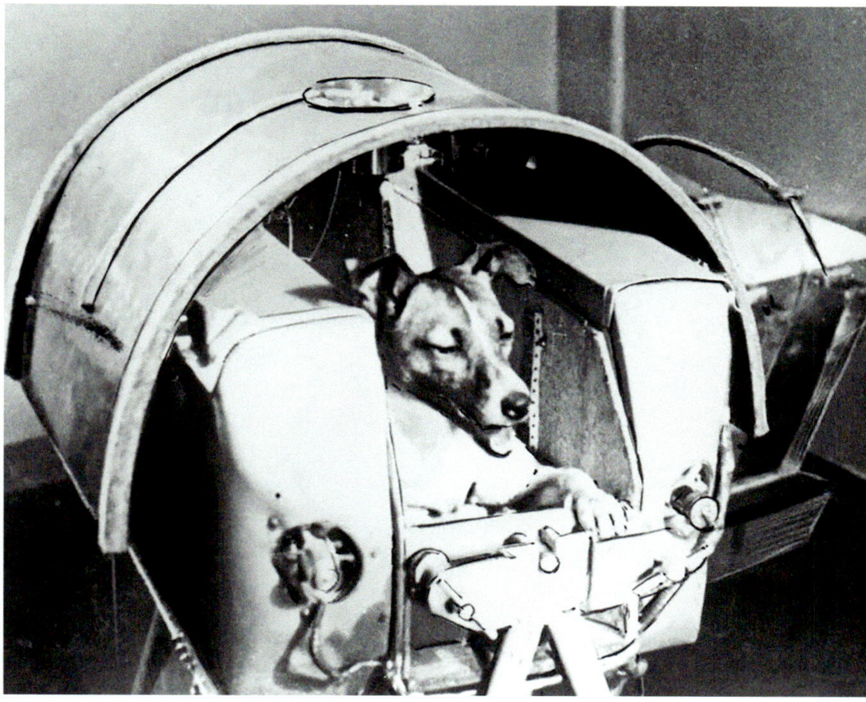

Das erste Tier im Orbit: die Polarhündin Laika im Jahr 1957.

Ein Erfolg auf der Erde

Über Nacht hatte sich das Ansehen der Sowjetunion drastisch verbessert. Auch wenn die in den USA vielbeschworene Technologiekluft eine Übertreibung war, musste der Sowjetunion berechtigterweise die Führerschaft in einem wichtigen technologischen Bereich zugestanden werden. Denn die USA hatten schon 1955 angekündigt, im Rahmen des Internationalen Geophysikalischen Jahrs 1956/57 einen Erdbeobachtungssatelliten zu starten, nahmen gleichlautende sowjetische Verlautbarungen aber nicht besonders ernst. Doch Sputnik – gebaut „in einem Monat und mit dem einzigen Grund, die ersten im Weltraum zu sein", so der Ingenieur und spätere Kosmonaut Georgij Gretschko – war nicht nur schneller im All als die amerikanische Vanguard-Rakete („Vorhut"), deren erste zwei Startversuche nach Sputnik zudem scheiterten, sondern auch fünfzigmal schwerer. Dass die amerikanische Rakete Juno I, die den ersten US-Satelliten Explorer 1 ins All schoss (der lediglich 14 Kilogramm wog), bereits 1956 startbereit war, blieb geheim.

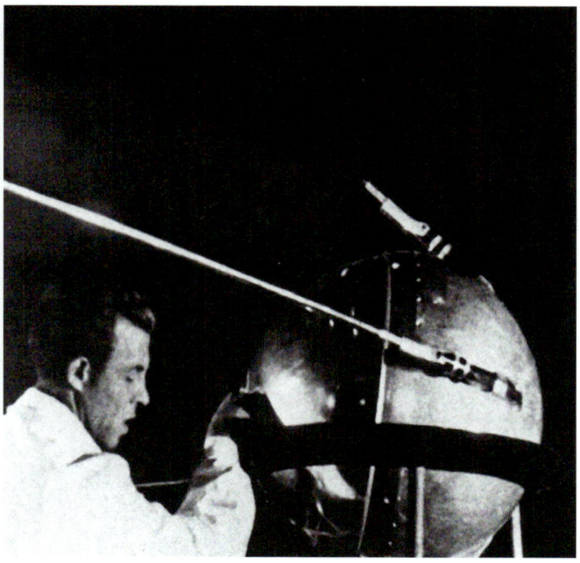

Sputnik 1: Ein sowjetischer Techniker bereitet den 84 Kilogramm schweren Aluminium-Satelliten zum Start vor.

Außerdem besaß die R-7 mit 4,4 Millionen Newton mehr als die sechsfache Schubkraft der US-Raketen. Das bedeutete, dass die Sowjetunion mit ihrer Trägerrakete R-7 (später Wostok oder SS-6 genannt) in der Lage war, Nuklearwaffen über Tausende von Kilometern zu verschießen. (Bereits am 21. August hatte eine R-7 einen 6000 Kilometer weiten Testflug absolviert.) In dieser Demonstration lag die Hauptbedeutung des Raumfahrt-Erfolgs. Die USA, die sich bislang auf ihrem isolierten Kontinent unverwundbar dünkten, waren plötzlich in der Reichweite verheerender Bomben, ohne noch selbst über entsprechende Raketen zu verfügen. In dieser Erkenntnis bestand der eigentliche Sputnik-Schock.

Dwight D. Eisenhower, der diesen Begriff prägte, sah zwar die nationale Sicherheit nicht „um ein Jota" stärker gefährdet. Doch wurden schwere Vorwürfe gegen den angeblich bloß Golf spielenden Präsidenten erhoben. G. Mennen Williams, Gouverneur von Michigan, hatte sogar ein Gedicht verfasst: „Oh little Sputnik, flying high / With made-in-Moscow beep, / You tell the world it's a Commie sky / and Uncle Sam's asleep. // You say on fairway and on rough / The Kremlin knows it all, / We hope our golfer knows enough / To get us on the ball."

Wettrüsten und eine nationale Anstrengung

Tatsächlich reagierte Eisenhower rasch. Er betonte 1958, dass die Sowjetunion die USA und den Rest der Welt in den wissenschaftlichen und technischen Entwicklungen hinsichtlich des Weltraums geschlagen hatte, dass diese Überlegenheit das Prestige und den Führungsanspruch der USA gefährde, und dass eine sowjetische Militarisierung des Weltraums zu einem Ungleichgewicht der Machtverteilung und einer direkten Bedrohung werden könnte. Daher gründete er sowohl die National Aeronautics and Space Administration NASA (am 29. Juli 1958, realisiert am 1. Oktober „to provide for research into the problems of flight

Stolze Propaganda: Das sowjetische Poster wurde für die Weltausstellung in Brüssel 1958 geschaffen.

within and outside the Earth's atmosphere, and for other purposes") als auch die Advanced Research Projects Agency ARPA (die zum Verteidigungsministerium gehörte und mit dem ARPANET den Vorläufer des Internets entwickelte). Und nachdem eine US-Bildungskommission einen großen Nachholbedarf in Mathematik, Natur- und Ingenieurwissenschaften konstatiert hatte – in der Sowjetunion wurden mehr als doppelt so viele Ingenieure ausgebildet –, pumpte man in den nächsten vier Jahren 1,6 Milliarden Dollar Bundesmittel ins Forschungs- und Bildungssystem: Das Budget der National Science Foundation wurde vervierfacht, die Lehrerausbildung verbessert, neue Schulen wurden gebaut und 20 000 Stipendien vergeben.

Sicherlich bedeutete der Sputnik-Schock eine Krise in der Selbstwahrnehmung von US-Amerikanern. Die dominante Weltmacht schien in ihrer technologischen Überlegenheit bedroht. Die Medien berichteten allerdings nicht nur über diese Besorgnis, sondern übertrieben sie maßlos. Selbst der Science-Fiction-Autor Arthur C. Clarke bezeichnete die USA am 9. Oktober 1957 als zweitrangige Macht. Analysen des Politikwissenschaftlers Samuel Lubell zeigten später, dass es „überhaupt keinen Hinweis auf eine Panik oder Hysterie in der öffentlichen Reaktion" gegeben hat, sondern der Sputnik-Schock im Wesentlichen eine Angst der politischen Elite war. Die Besorgnis nahm mit den weiteren technischen und Propaganda-Erfolgen der Sowjetunion sogar ab.

Doch die Folgen waren real und brandgefährlich, denn sie führten nicht nur zum Wettlauf ins All („space-race"), sondern schürten das Wettrüsten im Kalten Krieg. Der Geheimdienst CIA attestierte eine Raketenlücke – wobei die Sowjetunion überschätzt wurde, zumal die Zielgenauigkeit ihrer Raketen nicht gewährleistet war. 1960 ließ US-Präsident John F. Kennedy 1000 Minuteman-Raketen bauen – weitaus mehr Interkontinentalraketen, als die Sowjetunion damals besaß. Kennedy, der privat das Weltraumrennen als reine Geldverschwendung ansah, erkannte den politischen Druck hierzu: sowohl als Mittel, die Bevölkerung zu beruhigen als auch für den Prestige-Gewinn. Und er sagte: „Wenn die Sowjets den Weltraum kontrollieren, dann können sie die Erde kontrollieren – so wie in früheren Jahrhunderten die Nation, die die Ozeane kontrollierte, die Kontinente dominierte."

Geheime Helden und der Aufbruch ins All

Erst durch die Öffnung der Archive nach dem Zusammenbruch der Sowjetunion 1991 konnten sich Historiker ein genaueres Bild von den Umständen des Sputnik-Starts machen. 1957 wusste die Weltöffentlichkeit nicht einmal, wer die Ingenieure und Wissenschaftler waren, die den ersten Schritt ins All gewagt hatten. Denn ihre Namen – allen voran Sergej P. Koroljow und Mstilaw W. Keldysch, die das Satelliten-Projekt leiteten, und Valentin Gluschko, der für die Trägerrakete zuständig war – unterlagen strengster Geheimhaltung. Die Sowjetunion als Ganzes beziehungsweise ihre Herrscherclique wollte den Erfolg für sich verbuchen. Übrigens hatte Koroljow – Chefkonstrukteur am 1946 von Josef Stalin gegründeten Wissenschaftlichen Forschungsinstitut Nr. 88 zur Konstruk-

tion von Langstreckenraketen – schon 1948 angeregt, einen Satelliten zu bauen, aber keine institutionelle und finanzielle Unterstützung erhalten. Koroljow war sich der Bedeutung von Sputnik später sehr genau bewusst. Einmal befahl er, ein Testmodell solle wie das Original blank poliert werden, denn „diese Kugel wird in Museen ausgestellt werden!"

Bereits am 3. November 1957 gelang Koroljows Team mit Sputnik 2 der nächste Streich: Dieser Satellit beförderte mit der Polarhündin Laika das erste Lebewesen in eine Umlaufbahn. Bis 1961 folgten noch acht weitere Sputnik-Satelliten. Sie bahnten unter anderem den Weg für Juri Gagarin, den ersten Menschen im All.

Am 6. November hielt Chruschtschow eine Propaganda-Rede zum 40. Jahrestag der Revolution. Darin sagte er: „Es scheint, dass der Name Vanguard den Glauben der Amerikaner widerspiegeln soll, dass ihr Satellit der erste im Weltraum sei. Aber es war ein sowjetischer Satellit, der der erste war, der die Vorhut bildete. Indem sie unsere Erde umrunden, bezeugen die sowjetischen Sputniks die Höhe der Entwicklung von Wissenschaft und Technik und der gesamten Ökonomie der Sowjetunion, dessen Menschen ein neues Leben unter dem Banner des Marxismus-Leninismus errichten."

Bereits kurz nach dem Start des ersten Satelliten begann man von einer Prä- und einer Post-Sputnik-Ära zu sprechen. Und bald darauf hatte die neue Epoche einen eigenen Namen: das Weltraumzeitalter. Der *Manchester Guardian* spekulierte schon wenige Tage nach Sputniks Start über den ersten Flug zum Mars und prophezeite, dass man bald erfahren würde, wie die Rückseite des Mondes aussehe (zwei Jahre später funkte Lunik 3 das erste Foto) und wie dick die Wolkenschicht um die Venus sei (was die sowjetischen Venera- und die amerikanischen Mariner-Sonden in den 1960er-Jahren enthüllten).

Amerika holt auf: William Pickering, James Van Allen und Wernher von Braun (von links) mit einem Modell von Explorer 1.

Sputnik hat ein neues Kapitel in der Geschichte der Wissenschaft und Technologie, aber auch der Politik aufgeschlagen und einen neuen Horizont eröffnet, obwohl die Wirkung des Satelliten zunächst eher im Kontext internationaler Muskelspiele betrachtet werden muss. Dies dürfte aber in Bedeutungslosigkeit versinken, falls die Menschheit langfristig überhaupt eine Zukunft hat. Doch die Erinnerung an den Aufstieg in den Weltraum wird bleiben – einen Aufstieg, der binnen zwölf Jahren dazu führte, dass Menschen erstmals einen anderen Himmelskörper betraten, den Mond. Ob der Aufbruch freilich anhalten oder aber provinzieller Engstirnigkeit weichen wird, das steht in den Sternen.

Erster erfolgreicher US-Satellitenstart von Cape Canaveral: Die Juno-Rakete schoss am 31. Januar 1958 Explorer 1 ins All.

Von Brauns Wettlauf ins All

Die zentrale Figur beim „Space Race“ kam aus dem damaligen Deutschland: Wernher von Braun

Wernher von Braun als Direktor des Marshall Space Flight Centers an seinem Schreibtisch.

Ein herausragender Schüler war er wohl nicht, der kleine Wernher von Braun. Als mittlerer von drei Brüdern wurde er 1912 in Wirsitz (heute polnisch: Wyrzysk), einem Städtchen der damaligen preußischen Provinz Posen geboren. Er entstammt einer großbürgerlichen Familie. Sein Vater, der Verwaltungsjurist Magnus Maximilian Braun, stieg am Ende der Weimarer Republik bis zum Reichsminister in den Kabinetten von Schleicher und von Papen auf. Die Eltern schickten ihren Sohn auf das angesehene Französische Gymnasium am Berliner Reichstagsufer.

Bald wurde klar, dass Wernhers Interessen etwas anders gelagert waren, als die seiner Mitschüler. Im Alter von 13 Jahren montierte er Feuerwerksraketen an ein Spielzeugauto, um dieses über die Wege im Tiergarten zu jagen. Seine Mutter, Emmy Braun, weckte früh sein Interesse an der Astronomie. „Zur Konfirmation schenkte sie mir ein kleines astronomisches Fernrohr, weil mich schon immer der Blick zum Sternhimmel fasziniert hatte“, so erinnerte sich von Braun in einer Autobiografie.

Der Junge erliegt der Faszination des Weltalls. Eine Skizze, die er als etwa 15-Jähriger zeichnet, zeigt die Risszeichnung eines mit einem Astronauten bemannten stromlinienförmigen Raumschiffes. Wernher verschlingt die Romane von Jules Verne. Mit 18 immatrikuliert er sich an der Technischen Hochschule in Berlin Charlottenburg – und startet in der freien Zeit zusammen mit anderen Enthusiasten vom „Verein für Raumschiffahrt“ auf einem ausgedienten Militärschießplatz Raketen in den Himmel über Berlin. Dabei geht es längst nicht mehr um Feuerwerkskörper, vielmehr sollen Flüssigkeiten wie Benzin oder Alkohol bei ihrer Verbrennung den nötigen Schub liefern. Mit von der Partie ist anfangs Hermann Oberth, der mit seinem Buch *Die Rakete zu den Planetenräumen* bereits 1923 ein Standardwerk zur Raketenphysik vorgelegt hatte; Wernher hatte das Werk durchgearbeitet.

Noch vor der Machtübernahme durch die Nazis, nämlich im Oktober 1932, wird für den jungen Mann aus jugendlicher Begeisterung professioneller Ernst: Er tritt in das seit 1929 existierende Geheimprogramm zur Raketenforschung ein. Nun ist er ziviler Mitarbeiter der Reichswehr, sein militärischer Vorgesetzter ist Walter Dornberger. Die Resultate seiner Arbeit fasst von Braun im April 1934 in seiner Doktorarbeit zusammen. Sie trägt den Titel *Konstruktive, theoretische und experimentelle Beiträge zu dem Problem der Flüssigkeitsrakete* und wird umgehend zur Geheimsache erklärt. Gerade einmal 25 Jahre jung, steigt von Braun zum technischen Direktor des Raketenprojekts auf, das aus Platzgründen und zur Geheimhaltung nun auf die abgelegene Ostseeinsel Usedom verlegt worden ist. In Peenemünde nimmt seine enorm steile Karriere ihren Lauf.

Der junge Wernher von Braun mit dem Modell einer V2-Rakete. Konstruiert im Jahr 1942 war sie die erste funktionsfähige Großrakete, die schon 1944 die Grenze zum Weltraum erreichte.

Mit Hitlers Unterstützung

Hauptaufgabe des Projekts war die Entwicklung und Produktion der einstufigen V2-Rakete. Flüssigsauerstoff und Alkohol, hergestellt aus Kartoffeln, bildeten den Treibstoff für den Raketenmotor, der die zwölf Meter lange „Vergeltungswaffe" auf vierfache Schallgeschwindigkeit beschleunigte. Weltweit katapultiert sich Deutschland mit dem Großprojekt an die Spitze der Raketentechnik.

Das Projekt genießt die Unterstützung Hitlers; um diese zu erhalten präsentieren Dornberger und von Braun auch schon mal ihre technischen Erfolge direkt beim Führer. Bei einer dieser Gelegenheiten wird von Braun von Hitler persönlich zum Professor ernannt. In die Entwicklung von militärischen Trägerraketen fließen Millionen Reichsmark, das Peenemünder Zentrum beschäftigt Tausende von Mitarbeitern, es untersteht Hermann Görings Luftwaffe. 1938 tritt von Braun der NSDAP bei, 1940 wird er Mitglied der SS und steigt bis zum Sturmbannführer auf.

Der erste gelungene Testflug einer V2 datiert auf den 3. Oktober 1942, die Rakete erreicht eine Höhe von 85 Kilometern. In ihrer Spitze kann sie eine Tonne Sprengstoff in bis zu 300 Kilometer entfernte Ziele tragen. Ab 1944 wird die V2 dann auch zur Bombardierung eingesetzt, vor allem die Bewohner von London und Antwerpen geraten dabei ins Visier. Gegen die Überschallrakete gibt es keine Vorwarnung, Tausende Zivilisten sterben bei den Attacken. Und zahlreiche Zwangsarbeiter und KZ-Häftlinge fanden den Tod bei der Produktion der vermeintlichen Wunderwaffe. Militärisch konnte das Geschoss jedoch keine Wende bringen.

Bereits ab 1940 gingen die Überlegungen in den Peenemünder Konstruktionsbüros über das „Aggregat 4", so die technische Bezeichnung der V2, hinaus. Mit der A9/A10 erschien erstmals eine zweistufige Interkontinentalrakete auf den Reißbrettern der Konstrukteure. In einem langgestreckten Gleitflug sollte

Wernher von Braun als Kind (rechts) mit seinem älteren Bruder. Schon in seiner Kindheit träumte er von der Eroberung des Weltraums.

Gespannte Erwartung: Wernher von Braun am 28. Mai 1964 beim sechsten Start Start einer Saturn-I-Rakete. Sie trug bei diesem Flug zum ersten Mal ein Apollo-Raumschiff.

die zweite Stufe in 35 Minuten die 5000 Kilometer bis zu den Ostküstenmetropolen der USA überbrücken. Doch die technisch viel einfachere V2 war damals noch immer nicht völlig ausgereift, deshalb wurde die „Amerika Rakete" ab 1942 auf Eis gelegt. Lediglich in den letzten Kriegsmonaten konnten noch Exemplare der zweiten Stufe getestet werden.

Nach der Kapitulation Deutschlands drehte sich der Wind: Die Amerikaner, in der Raketentechnik weit zurück, sicherten sich das Knowhow der deutschen Experten. Von Braun und über hundert seiner Ingenieure traten in amerikanischen Dienst und entwickelten in den folgenden Jahren für das US-Militär die Redstone-Rakete. Eine etwas kleinere Gruppe von Raketenexperten ging in die Sowjetunion. Die Amerikaner ignorierten von Brauns SS-Vergangenheit, im aufkommenden Kalten Krieg mit der UdSSR galt sein Knowhow als unverzichtbar.

Sputnik schockt den Westen

Doch zunächst lagen die USA im Wettlauf ins All weit zurück, der Vorsprung der Sowjets war überdeutlich. Mit dem ersten Satelliten im Erdorbit, dem Sputnik, überraschten die UdSSR 1957 den Westen. Eilig wurde die Redstone-Rakete modifiziert und knapp vier Monate nach dem Sputnik-Schock flog damit der erste US-Satellit Explorer 1 ins All. Von Braun und sein Team wurden im Herbst 1959 offiziell der neugegründeten NASA überstellt, nun war er also für eine zivile Weltraumorganisation tätig. Die Russen blieben jedoch weiter auf der Siegerstraße: Der erste Kosmonaut, Juri Gagarin, kehrte im April 1961 wohlbehalten aus dem Erdorbit zurück, sein Flug hatte 108 Minuten gedauert. Drei Wochen später fliegt der NASA-Astronaut Alan Shephard, sein Flug dauert nur 15 Minuten, bis in die Umlaufbahn schaffte er es nicht. Erst zehn Monate nach Gagarin, im Februar 1962, erreichte John Glenn als erster Amerikaner die Umlaufbahn.

Mondraketen für die USA

Die Konkurrenz der Supermächte spitzte sich zu, als Präsident Kennedy am 11. September 1962 in Houston verkündet, dass die USA innerhalb eines Jahrzehnts einen Astronauten zur Mondoberfläche und zurück zur Erde bringen wollen. Das Apollo-Programm der NASA nahm Gestalt an. Im Wettlauf zum Mond wurden nun immer größere Raketen gebraucht, von Braun stieg zum obersten Raketenentwickler der USA auf, seine 110 Meter hohe Saturn V brachte schließlich ab 1969 zwei Dutzend Amerikaner sicher zum Mond, zwölf Männer spazierten auf seiner Oberfläche. 1970 wurde von Braun zum stellvertretenden Direktor der NASA ernannt, er ist auf dem Zenit seiner Karriere und wird als „Vater der bemannten Raumfahrt" gefeiert.

Auch die UdSSR hatte im Geheimen ein bemanntes Mondprogramm vorangetrieben. Doch die dafür nötige Riesenrakete N1, das russische Pendant zur Saturn V, erreichte nie die Flugfähigkeit. Nach vier Abstürzen jeweils in der Startphase kam 1974 das endgültige Aus für den sowjetischen Mondflug, fortan setzte man auf Raumstationen im erdnahen Weltraum. Bis heute hat kein Russe je den Mond betreten.

Im nächsten Schritt wollte von Braun den Mars ansteuern. Kurz nach der Pioniertat von Apollo 11 schlug er Präsident Richard Nixon eine aus der Apollo-Technik weiterentwickelte Mission vor: Sechs bis sieben Flüge der umgebauten Mondrakete hätten ausgereicht, um ein Marsschiff für ein kleines Astronautenteam im Erdorbit zu montieren, so der Plan. Die Saturn V sei mit „einer dritten Stufe mit Atomkraft zu verstärken", schrieb er damals. Die Ankunft von Armstrongs Erben auf dem Mars sah er für 1982 vor. Doch die Weltraumbegeisterung war bereits spürbar abgeflaut, Großprojekte im All waren politisch nicht mehr durchsetzbar. Nixon, der zudem einen teuren Krieg in Vietnam geerbt hatte, lehnte ab. In puncto Mars wählte die NASA den preiswerteren Weg: automatische Sonden. Von Braun machte diesbezüglich keinen Hehl aus seiner Skepsis, bei der Eroberung des Alls setzte er auf Astronauten. „Der Mensch ist der beste Computer an Bord eines Raumschiffes", meinte er.

Enttäuscht von den massiven Budgetkürzungen durch den US-Kongress verließ von Braun 1972 die NASA und wurde Vizepräsident des Luft- und Raumfahrtkonzerns Fairchild. Nun ging es eher um kommerzielle Erdsatelliten als um hochfliegende Visionen von der Eroberung des Alls. Auf dem internationalen Parkett traf er Staatsführer wie Indira Gandhi oder den Schah von Persien, in Deutschland bekleidete er einen Posten im Aufsichtsrat von Daimler-Benz. Ab 1973 kämpfte von Braun mit einem wiederkehrenden Krebsleiden. Am 16. Juni 1977 starb er in Alexandria im US-Bundesstaat Virginia; er wurde nur 65 Jahre alt.

Wegen seiner Verstrickung in die Verbechen der Nationalsozialisten war von Braun immer eine umstrittene Figur. Sein wechselvolles Leben interpretiert sein amerikanischer Biograf Michael Neufeld als Symbol für die Versuchung von Wissenschaftlern und Ingenieuren an Waffen zur Massenvernichtung zu arbeiten, auch für ein verbrecherisches Regime, im Austausch gegen die Finanzierung der Forschungen, die ihnen eigentlich am Herzen liegen. Aus der Perspektive einer fernen Zukunft sei von Braun jedoch als Wegbereiter ins Weltall eine der wenigen Personen des 20. Jahrhunderts, an die man sich dann noch erinnern wird, so Neufeld.

Fahrstunde von Wernher von Braun in einem Prototyp des Lunar Roving Vehicle: Tests mit solchen Modellen halfen bei der Entwicklung späterer Mondfahrzeuge.

Drei Große unter sich: Wernher von Braun, Präsident John F. Kennedy und der damalige Vizepräsident Lyndon B. Johnson bei einem Besuch im Marshall Space Flight Center.

Ganz gewöhnliche Supermänner

Die beiden Raumfahrtprogramme Mercury und Gemini legten den Grundstein für die späteren Mondlandungen

Amerikas Auswahl: Die ersten sieben Astronauten im Jahre 1959 vor einem Convair 106-B-Jet. Von links: Scott Carpenter, Gordon Cooper, John Glenn, Gus Grissom, Walter Schirra, Alan Shepard und Donald K. Slayton.

Im November 1958 beschloss die amerikanische Regierung das Programm Mercury mit dem Ziel, bis 1961 einen amerikanischen Astronauten ins All zu befördern. Die Geschichte von der Auswahl des Astronautenteams, den harten Tests, denen sie sich unterziehen mussten, und von den sechs erfolgreichen Flügen mit den Mercury-Kapseln wurde legendär. Tom Wolfe hat sie in seinem Roman *Die Helden der Nation* (verfilmt unter dem Titel *Der Stoff aus dem die Helden sind*) spannend beschrieben.

Gesucht wurden Kampf- und Testpiloten mit mindestens 1500 Flugstunden, die folgende Eigenschaften erfüllten: nicht größer als 1,80 Meter, nicht schwerer als 67 Kilogramm, nicht zu jung, aber nicht älter als 40 und Inhaber eines Ingenieurexamens. Kurz: „Was wir suchen, ist eine Gruppe von ganz gewöhnlichen Supermännern", wie ein Luftwaffengeneral zusammenfasste.

Eine Zusammenstellung von Personalkarten der Luftwaffe erbrachte 508 Piloten, von denen die NASA 1959 sieben auswählte: Alan Shepard, Virgil „Gus" Grissom, John Glenn, Walter Schirra, Scott Carpenter, Donald „Deke" Slayton und Gordon Cooper. Sie hatten den Auftrag, als erste Menschen ins All zu fliegen, oder wie John Glenn sagte: „die Fesseln zu zerreißen, die das Menschengeschlecht an die Erde gebunden haben." Bevor es so weit war, mussten sie harte Tests bestehen. „Wir wurden isoliert, in Schwingungen versetzt, herumgewirbelt, geheizt, gefroren, ermüdet und in gewaltige Höhen hinausgejagt", berichtete Gordon Cooper.

Während sich die Astronauten auf ihre große Aufgabe vorbereiteten, lief parallel die Entwicklung der Raketen und der Mercury-Kapsel. Für die ersten Flüge war Wernher von Brauns Redstone-Rakete vorgesehen. Sie war aber nicht stark genug, um das Raumschiff in eine Erdumlaufbahn zu schießen. Es reichte nur für einen Hopser.

Die Astronauten waren an der Konstruktion des Raumschiffes beteiligt. So waren sie entsetzt, als sie erfuhren, dass die Mercury-Kapsel ursprünglich kein einziges Fenster besitzen sollte. Gemeinsam machten sie sich dafür stark, dass diese Konstruktion geändert wurde. Als Alan Shepard seinen Erstflug antrat, war das Fenster noch nicht eingebaut. Nur ein Periskop bot eine eingeschränkte Sicht nach draußen. Erst die nachfolgenden Astronauten flogen in einem Raumschiff mit Ausblick.

Am 9. September 1959 startete erstmals erfolgreich eine unbemannte Mercury-Kapsel, im Januar 1961 folgte als erstes Lebewesen der Schimpanse Ham. Auf einer ballistischen Bahn flog er bis in 253 Kilometer Höhe und landete 212 Kilometer von Cape Canaveral entfernt im Wasser. Das Tier war putzmunter, und damit war das Tor offen für den Erstflug eines amerikanischen Astronauten.

In diese Vorbereitungsphase platzte am 21. April die Meldung, der Kosmonaut Juri Gagarin habe die Erde einmal umrundet und sei wohlbehalten zur Erde zurückgekehrt. Die Nachricht verbreitete sich in Windeseile um die ganze Welt, für die Amerikaner war dies nach Sputnik der zweite Schock. Sie mussten so schnell wie möglich nachziehen.

Am 5. Mai 1961 zwängte sich Alan Shepard in die enge Kapsel Freedom 7. Alle Raumschiffe dieser Serie wurden übrigens von den Piloten selbst benannt und erhielten die Nummer sieben zu Ehren des siebenköpfigen Astronautenteams. Um 9:34 Uhr Ortszeit donnerten die Triebwerke der Redstone, langsam hob sie ab. Zweieinhalb Minuten später wurde der Fluchtturm abgesprengt, dann zündeten die kleinen Raketen, die das Raumschiff von der Rakete trennten. Jetzt war Shepard schwerelos. Der gesamte Flug verlief problemlos, die Kapsel drehte sich wie geplant um 180 Grad, sodass nun das stumpfe Ende mit dem Hitzeschild vorne war. In 185 Kilometer Höhe zündeten die Bremstriebwerke, wenig später entfaltete sich ein kleiner Fallschirm, der die Lage der Kapsel stabilisierte, in 3000 Meter Höhe öffnete sich der große Hauptfallschirm, an dem die Kapsel langsam niederschwebte. Rund 15 Minuten nach dem Start wasserte Freedom 7 im Atlantik. Shepard und sein Raumschiff wurden von einem Hubschrauber geborgen und auf einen Flugzeugträger gebracht.

Am 5. Mai 1961 sandte die NASA den Astronauten Alan Shepard in einer Redstone-Rakete zum ersten Raumflug der USA. Er dauerte nur 15 Minuten. Die Lage des Astronauten an Bord seiner Kapsel war äußerst beengt.

Drei Wochen später nahm Präsident John F. Kennedy den Erfolg zum Anlass zu seiner historischen Rede am 25. Mai 1961 vor dem amerikanischen Kongress. Hierin kündigte er an, Amerika solle „noch vor Ablauf des Jahrzehnts einen Menschen zum Mond bringen und wieder sicher zur Erde zurückholen."

Nun hatten auch die Amerikaner ihren Weltraumhelden. Aber allen war klar, dass Shepard im Vergleich zu Gagarin nur einen kleinen Hüpfer gemacht hatte. Dennoch ordnete die NASA vorsichtshalber einen zweiten ballistischen Flug an, bevor erstmals ein Amerikaner in die Erdumlaufbahn aufbrechen sollte. Am 21. Juli flog Gus Grissom mit Liberty Bell 7 ins All. Abgesehen von kleineren Problemen mit der Handsteuerung verliefen Flug und Landung wie geplant. Doch kurz nach dem Aufsetzen passierte ein Unglück. Die Ausstiegsluke wurde abgesprengt, Wasser drang in die Kapsel ein, die daraufhin auf den Meeresboden

Alan Shepard am Haken: Nur elf Minuten, nachdem die Freedom-7-Kapsel mit dem Astronauten gewassert war, fand sich Shepard an Bord eines Navy-Kreuzers wieder. Hier nahm er auch den Glückwunsch-Anruf des Präsidenten entgegen.

John Young (links) und Gus Grissom an Bord ihrer Kapsel für die Gemini-3-Mission. Das Gemini-Programm der NASA wird häufig als „Brücke zum Mond" bezeichnet, weil es viele Voraussetzungen für die spätere Mondlandung schuf.

sank. Grissom konnte sich gerade noch daraus befreien und wäre um ein Haar ertrunken. Liberty Bell 7 wurde 1999 aus dem Atlantik geborgen und in einem Museum ausgestellt.

Nach diesen zwei Flügen wurden zwei weitere geplante Einsätze dieser Art gestrichen. Jetzt sollte endlich die lang ersehnte Erdumkreisung erfolgen. Dafür musste man auf die stärkere Atlas-Rakete umsteigen. Doch bevor im November 1961 die Generalprobe mit dem Schimpansen Enos gelang, legten die Sowjets noch einmal nach. Am 6. August flog German Titow ins All, umrundete die Erde 17-mal und landete 25 Stunden nach dem Start auf sowjetischem Boden. Nun war es an John Glenn, Amerika ins Rennen zurückzubringen. Insgesamt 225 Änderungen hatten die Ingenieure aufgrund der Erfahrungen aus dem Flug des Schimpansen an dem Raumschiff noch vorgenommen, jetzt schien alles in Ordnung zu sein. Am 20. Februar 1963 zwängte sich Glenn in die Kapsel. „Die Atlas ist ein interessantes Ding", schrieb er später. „Ich konnte sie sogar ein bisschen zum Wackeln bringen, wenn ich mich in meinem Liegesitz hin und her bewegte." Die Außenwand der Rakete bestand aus Gewichtsgründen aus einem extrem dünnen Metall. Nur im vollbetankten Zustand konnte sie alleine stehen. Ohne Treibstoff musste ihr Inneres mit einem Gas unter Druck gesetzt werden, weil sie sonst in sich zusammengefallen wäre.

Um 9:47 Uhr ostamerikanischer Zeit zündeten die Triebwerke, und das 29 Meter hohe und 116 Tonnen schwere Geschoss hob ab. Fünf Minuten später trennten Sprengbolzen die Kapsel von der letzten Raketenstufe, und Friendship 7 befand sich auf einer elliptischen Umlaufbahn. Das Ziel war erreicht. Doch plötzlich bereitete die automatische Steuerung Schwierigkeiten, sodass Glenn auf Handbetrieb umschalten musste. Schlimmer aber wog ein Problem, dessen Tragweite der Astronaut selbst gar nicht erfasste.

Im Kontrollzentrum hatte man durch ein Sensorsignal erfahren, dass sich der Hitzeschild an einigen Stellen gelöst hatte. Ohne ihn würde Glenn beim Wiedereintritt in seiner heißen Kapsel umkommen. Nach längeren Diskussionen beschloss die Flugleitung einen Rettungsplan. Über den Schild verliefen schwere Metallbänder, die das Bremsraketenbündel an der Kapsel festhielten. Normalerweise sollten die Bremsraketen nach der erfolgreichen Zündung mitsamt den Bändern abgeworfen werden, damit der glatte Schild die Hitze ableiten konnte. Doch nun mussten die Düsen dranbleiben, damit die Metallbänder den Schild festhielten. Wie sich dieses zusätzliche Bauteil beim Eintritt verhalten würde, wusste niemand. Dann traten weitere Probleme auf. Der Sauerstoffvorrat nahm wegen eines Lecks bedrohlich stark ab, und weil der Autopilot nach wie vor nicht ordentlich funktionierte,

„Dies ist eine großartige Erfahrung!" Astronaut Ed White auf seinem Raumspaziergang außerhalb der Gemini-4-Kapsel am 3. Juni 1965. Vor der Brust trägt er einen zusätzlichen Sauerstofftank als Reserve.

steuerte Glenn sein Raumschiff am Schluss fast ausschließlich selbst.

Als die Kapsel in dichtere Atmosphärenschichten eintauchte, verwandelte sich der Schutzschild in einen heißen Feuerball, Trümmer flogen am Fenster vorbei, schlugen mit einem lauten Knall gegen die Kapselwand. Doch der Schutzschild hielt durch. Knapp fünf Stunden nach dem Start wasserte Friendship 7.

Innerhalb von zwei Jahren erfolgten sechs statt der geplanten sieben Mercury-Flüge, weil Deke Slayton wegen eines Herzproblems aus dem Programm ausscheiden musste.

Gemini – ein kosmischer Kleinwagen

Bevor es zum Mond gehen konnte, war eine weitere Phase nötig, um wichtige Techniken zu lernen, wie das Koppeln von zwei Raumschiffen und Außenbordeinsätze im Weltraum. Hierfür diente das Projekt Gemini.

Die Gemini-Kapsel war größer und mehr als doppelt so schwer wie ihre Vorgängerin. Deshalb war eine stärkere Rakete nötig, um sie in hohe Umlaufbahnen zu transportieren. Von Braun wurde mit der Entwicklung der Mondrakete beauftragt. Doch deren Bau würde zu lange dauern, um die Gemini-Kapseln ins All zu transportieren. Deshalb entschied sich die NASA für die Interkontinentalrakete Titan.

Die Gemini-Kapsel war so eng, dass die Astronauten es scherzhaft Gusmobile nannten, weil sie meinten, nur der besonders kleine Gus Grissom würde in es hineinpassen. Beide Astronauten verfügten nun über Schleudersitze, und es befand sich erstmals ein Computer an Bord. Der IBM-Rechner besaß eine Speicherkapazität von 4 Kilobyte und konnte 7000 Rechnungen pro Sekunde ausführen. Heutige PC sind rund eine Million Mal leistungsfähiger.

Parallel lief die Rekrutierung weiterer Astronauten für das Gemini- und Apollo-Programm. Im September 1962 traten neun, ein Jahr später weitere 14 Astronauten hinzu. Drei von ihnen kamen jedoch vor ihrem Einsatz bei Flugzeugabstürzen ums Leben.

Die Entwicklung des Gemini-Raumschiffs schritt zügig voran. Nach zwei erfolgreichen unbemannten Flügen erfolgte der Start von Gemini 3 am 23. März 1993 mit Gus Grissom und John Young in eine Umlaufbahn. Nach drei Erdumkreisungen, bei denen sie einige Steuermanöver ausprobierten, kehrten sie wohlbehalten zur Erde zurück.

Rendezvous im All: Ein Blick auf die Kapsel von Gemini 7 aus dem Fester von Gemini 6. Am 15. Dezember 1965 trafen sich die beiden Raumkapseln in Höhe von knapp 300 Kilometern über der Erde und probten Kopplungs-Manöver.

Bis November 1966 folgten weitere neun Flüge mit unterschiedlichen Zielsetzungen. So unternahm Edward White als erster amerikanischer Astronaut mit Gemini 4 einen Weltraumspaziergang. Frank Borman und James Lovell gelang an Bord von Gemini 7 mit 330 Stunden ein neuer Langzeitaufenthalt, der fünf Jahre lang Bestand hatte. Mit Gemini 6 steuerten Walter Schirra und Thomas Stafford ihr Raumschiff an die in 296 Kilometer Höhe kreisende Gemini 7 heran und näherten sich ihr bis auf zwei Meter. Beide Kapseln bewegten sich umeinander herum und bewiesen damit die Möglichkeit, zwei Raumschiffe zu koppeln. Das erste Andockmanöver in der Geschichte der Raumfahrt unternahmen daraufhin Neil Armstrong und David Scott mit Gemini 8. Sie manövrierten ihr Raumschiff an eine extra für diesen Zweck präparierte und in die Umlaufbahn gebrachte Oberstufe einer Agena-Rakete. Weitere Kopplungen mit anschließenden Flugmanövern des Gespanns fanden statt.

Mit dem Gemini-Programm hatten die Amerikaner sehr viel Erfahrung mit komplizierten Manövern in der Umlaufbahn gesammelt, die für ein Gelingen des Apollo-Programms Voraussetzung waren. Alle Astronauten aus dem Mercury- und Gemini-Programm zusammen hatten 1940 Stunden im Weltraum verbracht. Ihre sowjetischen Kollegen waren bis dahin nur auf 507 Stunden gekommen.

Scheitern auf hohem Niveau

Die sowjetische Raumfahrt lag im Rennen zum Mond lange vorn, doch dann vereitelten mehrere Katastrophen den Erfolg.

Die rasante Entwicklung der Raumfahrt in der Sowjetunion und den USA zeigt eine Reihe von Gemeinsamkeiten auf. Die Anforderungen an die Raketentechniker waren ursprünglich hüben wie drüben dieselben: Raketen zu bauen, die einen Atomsprengkopf weltweit ins Ziel tragen konnten. Die sowjetischen Führer setzten schon früh auf diese neue Technik, während der amerikanische Präsident Dwight D. Eisenhower die Entwicklung nur zögerlich unterstützte, um eine Konfrontation mit den Sowjets zu vermeiden. Dies führte dazu, dass die Sowjets anfänglich über wesentlich stärkere Raketen verfügten, die sie auch für die zivile Raumfahrt einsetzen konnten.

Während die amerikanischen Entwicklungen auf der Erfahrung von Wernher von Brauns Gruppe aufbauten, nutzten die Sowjets das Wissen von Helmut Gröttrupp und Mitarbeitern, die ebenfalls an der V2 gearbeitet hatten. Gröttrupp und die meisten seiner Kollegen durften Ende 1953 unter der Auflage strengster Geheimhaltung nach Deutschland zurückkehren, und Sergej Koroljow übernahm alleinig das Ruder.

Sowohl Wernher von Braun als auch Sergej Koroljow machten Karriere im Zeichen des atomaren Wettrüstens. Doch beide träumten vom Flug in den Weltraum, von Stationen in der Erdumlaufbahn und Reisen zum Mond. Diese Vision konnten sie nur mit einer gefährlichen Gratwanderung zwischen Kriegstechnik und friedlicher Raumfahrt realisieren.

Unbemannt zum Mond

Mitte 1958 legte Koroljow ein ehrgeiziges Programm vor, das zwei vorrangige Ziele enthielt: Der Erstflug eines Menschen ins All und der Flug einer unbemannten Sonde zum Mond. In der Anfangsphase legten die Sowjets im Wettlauf um die Vorherrschaft im All oft vor, und die Amerikaner zogen mit Mühe nach. Es war eine beispiellose Materialschlacht mit zahlreichen Fehlschlägen.

Nur 15 Monate nach dem Start von Sputnik 1 schossen die Sowjets im Januar 1959 die Sonde Lunik

Sie sollte die sowjetische Mondrakete sein: Doch die N1, hier ein Modell aus dem Jahr 1967, konnte bei keinem ihrer Testflüge einen Erfolg erzielen. Im Gegensatz zu ihrem Pendant, der amerikanischen Saturn-V-Rakete, wurde sie liegend transportiert und erst zum Start aufgerichtet.

(Luna) 1 zum Mond. Sie traf jedoch nicht wie geplant den Erdtrabanten, sondern flog an ihm vorbei. Acht Monate später gelang dieses Vorhaben mit Lunik 2. Den nächsten Paukenschlag setzte Lunik 3. Die 278 Kilogramm schwere Sonde startete am 9. Oktober 1959 und blieb auf einer Erdumlaufbahn. Allerdings lag der erdfernste Punkt in 468 000 Kilometern Distanz und führte die Sonde um den Mond herum. Auf diese Weise gelangen die ersten Fotos von der Mondrückseite. Die aus etwa 6200 Kilometer Höhe geschossenen Bilder waren zwar ziemlich unscharf, galten aber als Sensation. Nie zuvor hatte ein Mensch die erdabgewandte Hälfte der Mondoberfläche gesehen. Amerika zog stets wenig später nach. Im März 1959 raste Pioneer 4 am Mond vorbei.

Die Landung auf einem Himmelskörper ist eine große Herausforderung – bis heute. Dieses Kunststück gelang erstmals der UdSSR mit Luna 9. Nach einer dreitägigen Reise landete die 66 Kilogramm schwere Sonde mit Hilfe eines Radar-Höhenmessgerätes und Bremstriebwerken am 3. Februar 1966 im Ozean der Stürme. Drei Tage lang übertrug Luna 9 Fotos und Messdaten der Kosmischen Strahlung zur Erde, dann war die Batterie leer. Erstmals war ein Raumschiff auf einem anderen Himmelskörper gelandet. Ein Vierteljahr später schwenkte mit Luna 10 zum ersten Mal eine Raumsonde in eine Mondumlaufbahn ein.

Wieder zogen die Amerikaner nach und setzten vier Monate nach Luna 9 Surveyor 1 auf der Mondoberfläche ab. Weitere vier Surveyor-Sonden landeten auf dem Mond, sendeten hochaufgelöste Fotos zur Erde und analysierten Bodenproben. Der NASA dienten diese Landungen und die den Mond umkreisenden Sonden vorwiegend als Vorbereitung für die Apollo-Missionen. Denn schließlich galt es noch, einen geeigneten Landeplatz zu finden.

Die Amerikaner planten nie, mit unbemannten Sonden Mondgestein zur Erde zu transportieren, die Sowjets schon. Der Versuch, dieses wertvolle Material noch vor den Apollo-Astronauten zur Erde zu bringen, scheiterte jedoch während der Apollo-11-Mission: Luna 15 zerschellte beim Landeversuch. Den Auftakt machte Luna 16, die am 12. September 1970 von Baikonur aus startete. Mit einem Gewicht von 5,7 Tonnen war die Sonde drei- bis viermal schwerer als ihre Vorgänger. Hauptgrund hierfür war die große Menge an Treibstoff, die man für den Rückflug zur Erde benötigte.

Luna 16 landete im Meer der Fruchtbarkeit (Mare Foecunditatis), einer alten Lavaebene. Mit einem Greifarm entnahm sie aus 35 Zentimeter Tiefe Mondstaub und schüttete diesen in die Rückkehrkapsel. Einen Tag später zündete das Triebwerk der Aufstiegsstufe und schoss die Sonde zur Erde. Drei Tage später wurde die Mondstaub enthaltende Landekapsel abgestoßen, die am 24. September wohlbehalten auf sowjetischem Boden landete. Den Sowjets gelang eine weitere Rückkehrmission. Spektakulär aber waren vor allem die beiden Mondfahrzeuge Lunochod 1 und 2,

Die zwei Gesichter der sowjetischen Raumfahrt: Juri Gagarin, erster Mensch im Weltall, und Raketeningenieur Professor Sergej Koroljow.

Amerika schlägt zurück: Am 3. März 1959 startet mittels einer Juno-Rakete die Sonde Pioneer 4. Sie lieferte Daten vom Mond, dem sie sich auf 60 000 Kilometer näherte.

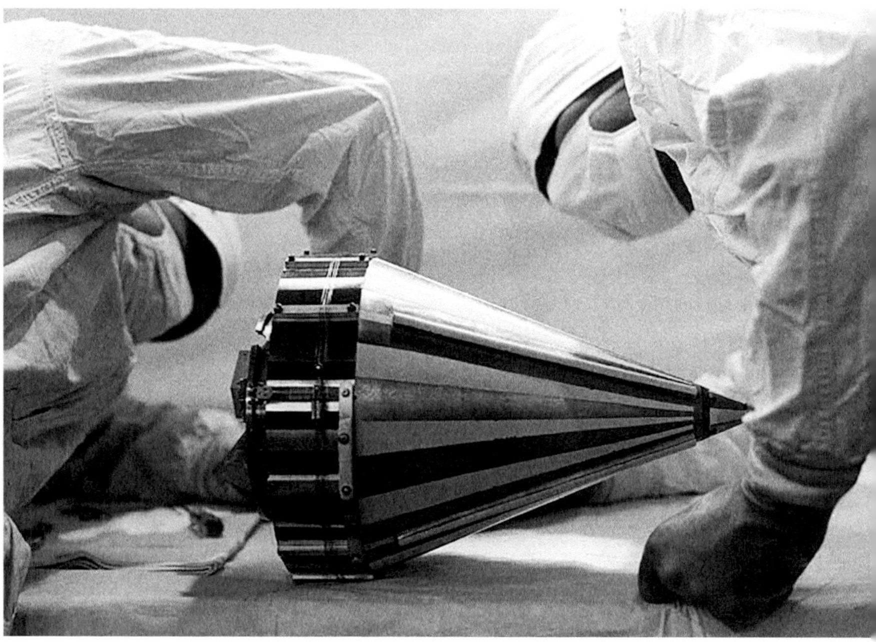

Der Mondrover Lunochod 1 erreichte die Mondoberfläche am 17. November 1970. Zehn Monate lang wurde er von sowjetischen Raumfahrt-Technikern insgesamt zehn Kilometer weit über die Mondoberfläche gesteuert.

die 1970 und 1973 den Erdtrabanten erkundeten. Sie hatten das Gewicht eines Kleinwagens und ähnelten einer Badewanne auf Rädern. Sie waren aber sehr robust.

Am Ende der 1960er-Jahre, also binnen zehn Jahren, hatte die UdSSR 14 Luna-Sonden gestartet, davon waren sieben erfolgreich, hinzu kam eine erfolgreiche Zond-Mission. Die USA verzeichneten neun Ranger-Sonden (drei erfolgreich), sieben Surveyor (fünf erfolgreich) und fünf erfolgreiche Luna-Orbiter. Insgesamt hatten also von 36 Sonden 21 ihr Ziel erreicht. Nicht mitgezählt sind hier sowjetische Fehlschläge, die offiziell nie bekannt wurden.

Opfer und Heldentaten

Parallel zur robotischen Erkundung des Mondes trieben die Sowjets ihr Kosmonautenprogramm voran. In

Luna 16 (im Bild ein Modell) war die erste russische Mondsonde, die eine Probe des Mondstaubs zurück zur Erde brachte. Sie landete im September 1970 im Meer der Fruchtbarkeit.

die Anfangsphase des unbemannten Luna-Programms platzte am 21. April 1961 die Meldung, der Kosmonaut Juri Gagarin habe in seinem Raumschiff Wostok 1 die Erde einmal umrundet und sei wohlbehalten zur Erde zurückgekehrt. Und Koroljow hatten noch mehr Überraschungen auf Lager. Am 11. und 12. August 1962 starteten Wostok 3 und 4. Die beiden Raumschiffe näherten sich in der Umlaufbahn bis auf wenige Kilometer und landeten fast zeitgleich wieder. Im Juni 1963 stellte Waleri Bykowski mit Wostok 5 einen Langzeitrekord im All über 115 Stunden auf, und zwei Tage später flog mit der Fallschirmspringerin Walentina Tereschkowa die erste Frau ins All.

Parallel zur Entwicklung des amerikanischen Gemini-Raumschiffs machte in der Sowjetunion das neue Raumschiff Woschod (deutsch: Sonnenaufgang) Fortschritte. Es bot bis zu drei Kosmonauten Platz, allerdings konnten diese dann aus Platzmangel keine Raumanzüge tragen – ein risikoreiches Unterfangen.

Am 12. Oktober 1964 startete Woschod 1 mit drei Kosmonauten an Bord ins All. Innerhalb von 24 Stunden umkreisten sie die Erde 16 Mal und kamen wohlbehalten wieder am Boden an. Woschod hatte seine Bewährungsprobe bestanden. Kurzerhand setzten die Amerikaner für den 23. März 1965 den ersten bemannten Flug ihrer Gemini an. Doch fünf Tage vorher landeten die Sowjets erneut einen Coup und vollzogen den ersten Weltraumausstieg in der Geschichte. Woschod 2 startete mit den beiden Kosmonauten Pawel Beljajew und Alexej Leonow an Bord ins All. Höhepunkt war Leonows Ausstieg aus dem Raumschiff, in dem sowjetische Ingenieure eine provisorische Luftschleuse installiert hatten. Diese Mission hätte um ein Haar in einer Katastrophe geendet.

Nach der ersten Erdumrundung öffnete Leonow die Luke und zwängte sich nach draußen. Mit einer fünf Meter langen „Nabelschnur" mit dem Raumschiff verbunden, schwebte er um die Erde. Doch als er wieder einsteigen wollte, durchfuhr es den Kosmonauten: Er passte nicht mehr durch die Luke. Der fehlende Außendruck hatte dazu geführt, dass sich der Raumanzug aufgebläht hatte. Acht Minuten lang mühte Leonow sich ab, doch nichts half. „Es ist Schluss mit mir; Ende, so ein dummes Ende", offenbarte Leonow später seine Gedanken. Doch dann kam von der Bodenstation der rettende Gedanke. Der Anzug besaß ein Ventil, mit dem Leonow behutsam Luft ablassen konnte. Das

Manöver gelang, 12 Minuten nach seinem historischen Schritt ins Weltall saß der Kosmonaut wieder in seinem Raumschiff.

Und als wäre Leonow nicht schon genug geprüft worden, bereitete auch noch die Landung Probleme: Das Kontrollzentrum konnte die Bremstriebwerke nicht zünden. Die einzige Lösung war, einen Umlauf später vom Raumschiff aus ein als Ersatz angebrachtes Feststofftriebwerk zu zünden. Dessen Schub war jedoch so unkontrolliert, dass Woschod 2 mehr als 3000 Kilometer über das Ziel hinausschoss und die beiden Kosmonauten einen Tag lang in Schnee und Eis auf die Bergungskräfte warten mussten. Weder von dem Einstiegsproblem noch von der verfehlten Landung erfuhr die Öffentlichkeit damals etwas.

Danach kam das Raumfahrtprogramm ins Stocken. So musste ein neues Raumschiff entwickelt werden, das den Namen Sojus (deutsch: Union) erhielt. Doch am schwersten traf die sowjetische Raumfahrt der Tod Koroljows im Januar 1966. Gut ein Jahr zuvor hatte er seinen Plan für eine bemannte Mondlandung unterbreitet, die in der zweite Jahreshälfte 1968 stattfinden sollte. Das Unternehmen sah den Bau einer ge-

Sein Flug dauerte nur 108 Minuten, doch er machte den sowjetischen Kosmonauten Juri Gagarin zur Legende: Am 12. April 1961 flog er als erster Mensch in den Weltraum.

Die sowjetische Wostok-1-Trägerrakete wird zum Start aufgerichtet. Der erste bemannte Raumflug mit Juri Gagarin gilt als Meilenstein beim Wettlauf ins All.

Die sowjetische Fallschirmspringerin Walentina Tereschkowa startete am 16. Juni 1963 als erste Frau ins All.

waltigen Rakete mit der Bezeichnung N1 vor. Mit einem Startgewicht von nahezu 3000 Tonnen und einer Höhe von 103 Metern war sie mit der Saturn V vergleichbar. Auch die „Reiseroute“ mit Rendezvous im Mondorbit war wie bei den Apollo-Missionen vorgesehen. Im Unterschied zum amerikanischen Programm sollten jedoch nur zwei Kosmonauten fliegen und nur einer auf dem Mond landen, während der andere im Orbiter blieb. Doch dazu sollte es nie kommen.

Koroljows Nachfolger Wassili Mischin standen einige harte Fehlschläge bevor. Während die N1 entwickelt wurde, gingen die Fortschritte beim Bau des neuen Raumschiffes Sojus voran. Drei unbemannte Einsätze verliefen teils fehlerhaft, dennoch entschloss sich die politische Führung, einen Kosmonauten in Sojus 1 ins All zu schießen.

Am 23. April brachte eine Proton-Rakete Wladimir Komarow von Baikonur aus wohlbehalten in die Erdumlaufbahn. Doch dort gab es erhebliche Probleme. Eines der Solarzellensegel entfaltete sich nicht, das Orientierungssystem versagte. Komarow gelang es nicht, die Kapsel zu steuern, sodass diese unkontrolliert zu torkeln begann. Das Problem ließ sich nicht beheben, der Kosmonaut bat um baldige Rückkehr. Die Verantwortlichen im Kontrollzentrum befürchteten, dass der Wiedereintritt in die Atmosphäre misslänge. Sie holten Komarows Ehefrau ins Kontrollzentrum, damit diese mit ihrem Mann – vielleicht zum letzten Mal – sprechen konnte. Auch Ministerpräsident Kossygin wandte sich an Komarow.

Nachdem die Bremsraketen gezündet hatten, stürzte das Raumschiff durch die Atmosphäre. Es raste weit über den Zielkorridor hinaus, und als die Fallschirme sich öffnen sollten, verdrillten sich die Halteschnüre. Ungebremst schlug die Kapsel auf den Boden auf, Komarow hatte keine Chance. Seine sterblichen Überreste begrub man an Ort und Stelle, an der Kremlmauer in Moskau erhielt er eine Gedenkstätte.

Damit hatte die Sowjetunion ihren ersten Kosmonauten bei einem Raumflug verloren – ein harter Rückschlag für das gesamte Programm. Weitere sollten noch folgen. Das Unglück geschah, nachdem die Amerikaner ihr Gemini-Programm bereits erfolgreich abgeschlossen hatten. Damit waren die Chancen für die Sowjets, den Wettlauf zum Mond zu gewinnen, erheblich gesunken. Doch auch die Amerikaner beklagten in diesem Jahr den Tod von drei Astronauten. Ein Vierteljahr vor Komarows Absturz verbrannten Gus Grissom, Roger Chaffee und Edward White bei einem Test der Apollo-Kapsel.

Am 14. Januar 1969 startete Sojus 4 mit Wladimir Schatalow ins All, einen Tag später folgte Sojus 5 mit Boris Wolynow, Alexej Jelissejew und Jeweni Chrunow. In der Umlaufbahn koppelten die beiden Raumschiffe aneinander an. Damit war das erste Andockmanöver von zwei bemannten Fahrzeugen gelungen. Dann stiegen Jelissejew und Chrunow aus ihrem Raumfahrzeug aus, hangelten sich zu Sojus 4 hinüber und stiegen dort ein. Anschließend trennten sich die beiden Kapseln voneinander und landeten sicher auf der Erde. Die Sowjets waren zurück im Rennen.

Für den geplanten bemannten Flug zum Mond benötigten die Sowjets eine leistungsstarke Rakete – die N1. Sie hatte die Form eines Pfeils. Ihren Schub bezog sie aus vielen Triebwerkbündeln – ein bis dahin erfolgreiches Konzept, das hier jedoch versagen sollte. Die erste Stufe verfügte über 30 Triebwerke, von denen 24 ringförmig angebracht waren, sechs befanden sich im Zentralteil. Am 21. Februar 1969 stand das erste Geschoss dieses Typs in Baikonur auf der Startrampe. Sie trug das Modell einer Mondlandefähre und ein Raumschiff. Am frühen Morgen zündeten die Mo-

Der erste Spaziergang im Weltraum dauerte zehn Minuten. Der sowjetische Kosmonaut Alexej Leonow führte ihn während des zweiten Woschod-Flugs am 18. März 1965 durch.

toren. Langsam hob die Rakete ab, doch nach wenigen Sekunden versagten zwei Triebwerke, eine Minute später brach eine Treibstoffleitung, die Rakete explodierte in einem riesigen Feuerball. Damit hatten sich die ambitionierten Pläne der sowjetischen Raketenforschern buchstäblich in Luft aufgelöst. Insbesondere nach der glänzenden Vorstellung von Apollo 10 muss ihnen klar gewesen sein, dass das Rennen zum Mond vorzeitig entschieden war. An der N1 aber hielten sie fest.

Am 3. Juli 1969 stand die Rakete erneut auf der Startrampe. Doch dieses Mal sollte es noch schlimmer kommen als beim ersten Versuch. Schon wenige Sekunden nach der Zündung explodierte die Sauerstoffpumpe. Sofort schalteten sich alle anderen Triebwerke ab, die Rakete sackte auf den Starttisch zurück und explodierte. Dabei zerstörte sie die Startanlage. Erst zwei Jahre später, im Juni 1971, stand die dritte Rakete des Typs bereit – auch sie versagte. Ebenso wie eine vierte Ende 1972. Damit war das Ende dieser Mammutrakete besiegelt.

Der Flug zum Mond erschien der politischen Führung auch nicht mehr erstrebenswert. Stattdessen wollte man sich darauf konzentrieren, schwere militärische Satelliten in die Erdumlaufbahn zu transportieren und dort eine bemannte Station zu errichten. Außerdem sollte eine wiederverwendbare Raumfähre gebaut werden (der spätere Buran), die mit einer neuen Trägerrakete (der Energia) ins All gelangen sollte.

Wladimir Komarow verunglückte am 24. April 1967 tödlich mit der Sojus 1 – eine Reihe von technischen Pannen addierte sich zu einer Katastrophe.

UNITED STATES
USA
USA

Mit der Saturn V zum Mond

Die Mondrakete Saturn V ist die größte und stärkste Rakete, die jemals gebaut wurde. Ihre Entwicklung stand unter enormem Zeitdruck. Sie versagte aber nie.

Den Grundstein für die Entwicklung der Mondrakete Saturn V legten Wernher von Braun und seine Mannschaft bereits Ende der 1950er-Jahre mit der Saturn I. Damals verwendeten sie den Tank einer Jupiter-Rakete und setzten außen ringsum acht Zusatztriebwerke an, so genannte Booster. Hierbei handelte es sich im Wesentlichen um Redstone-Raketen mit veränderten Triebwerken. Den Namen Saturn wählte von Braun deshalb, weil diese Rakete auf der Jupiter aufbaute und der Planet Saturn in unserem Sonnensystem auf Jupiter folgt.

Die erste Stufe der Saturn arbeitete mit Kerosin und flüssigem Sauerstoff. Darauf setzte von Braun eine zweite Stufe, genannt Centaur. Es war die erste amerikanische Raketenstufe, die flüssigen Wasserstoff mit Sauerstoff verbrannte. Dieses hoch explosive Gemisch besitzt eine maximal mögliche Ausströmgeschwindigkeit.

Obwohl die Saturn I einige Neuentwicklungen erforderte, verliefen alle Testflüge erfolgreich. Bei den vier ersten Einsätzen erprobte man nur die erste Stufe, die zweite war mit Wasser gefüllt. Während des zweiten und dritten Fluges riss in etwa hundert Kilometer Höhe eine Sprengladung wie geplant den Tank auf. Fast 140 Tonnen Wasser verteilten sich und waren vom Boden aus als weiße Wolke erkennbar. Sie diente dazu, die Funkübertragung in Bereichen mit hoher Wasserdampfdichte zu testen. Anschließend erfolgten sechs Starts mit der kompletten Rakete. Drei von ihnen brachten Satelliten in die Erdumlaufbahn, die den Strom an Mikrometeoriten maßen. Aus den Ergebnissen ließ sich das Risiko dafür abschätzen, dass Astronauten und Raumfahrzeuge von diesen winzigen, aber energiereichen Geschossen getroffen werden. In drei weiteren Flügen trug die Saturn I unbemannte Apollo-Testkapseln in den Weltraum.

Noch während der Testphase der Saturn I wurde an einer „hochgezüchteten" Version, der Saturn IB, gearbeitet. Das Prinzip blieb erhalten, aber Tanks und Schubstärke wurden erhöht. Diese Rakete konnte bereits 20 Tonnen Nutzlast in eine Erdumlaufbahn transportieren. Im Jahr 1966 erfolgten drei erfolgreiche Flüge, bevor die neue Rakete im Januar 1968 die unbemannte Raumkapsel Apollo 5 in den Erdorbit brachte. Im Oktober transportierte sie sogar mit Apollo 7 erstmals drei Astronauten ins All.

Die Saturn IB war die stärkste Rakete der damaligen Zeit – und doch nur ein Übergangsstadium zur Saturn V. Diese sollte über einen fünfmal größeren Schub als ihre Vorgängerin verfügen und bis zu 133 Tonnen in eine 185 Kilometer hohe Erdumlaufbahn bringen können – ein gewaltiger technischer Schritt, der von allen Beteiligten enorme Anstrengungen verlangte.

Logistik der Superlative

Auf alle technischen Erfordernisse und Entwicklungen dieser 110 Meter hohen und 3000 Tonnen schweren Rakete einzugehen, ist unmöglich. Deshalb hier nur einige Fakten, die das gigantische Unterfangen schlaglichtartig vor Augen führen.

Die erste und zweite Stufe waren komplette Neukonstruktionen, während die dritte Stufe auf der Centaur-Stufe der Saturn IB aufbaute. Die erste Stufe wurde mit etwa 1,6 Millionen Liter flüssigem Sauer-

Die stärkste Rakete, die je gebaut wurde: die Saturn V beim Flug von Apollo 4 kurz vor dem Start zur – hier noch unbemannten – Erprobung am 9. November 1967.

Ausreichend Frachtraum: Die NASA nutzt den umgebauten Super Guppy als Transporter für Einzelteile der Saturn V zum NASA Kennedy Space Center.

Die zweite Stufe der Saturn-V-Rakete wird 1967 in einen Teststand der NASA-Testanlagen gehievt.

Raketentest der ersten Saturn-V-Stufe im August 1967. Fünf Triebwerke werden bei diesem Test gleichzeitig gezündet.

stoff und einer Million Liter Kerosin betankt. Diese beiden Substanzen befeuerten fünf Triebwerke und entwickelten zusammen einen Schub von 3400 Tonnen. Die vier äußeren Triebwerke ließen sich zur Steuerung um etwa sechs Grad schwenken.

Die fünf Triebwerke verbrauchten zusammen pro Sekunde 8500 Liter Sauerstoff und knapp 5000 Liter Kerosin. Damit könnte ein Airbus A380 über 500 Kilometer weit fliegen. Turbopumpen mit 60 000 PS Leistung waren nötig, um diese gewaltigen Flüssigkeitsmengen möglichst gleichförmig von den Tanks zu den Brennkammern zu transportieren und unter hohem Druck einzuspritzen. Diese erste Stufe brachte eine Leistung von knapp 34 000 Kilonewton. Zum Vergleich: Ein Triebwerk einer Boeing 747 kommt auf nur 270 Kilonewton. Nach 2,5 Minuten hatte die Saturn V eine Höhe von 60 Kilometern und eine Geschwindigkeit von 8600 Kilometer pro Stunde erreicht.

Die zweite Stufe verfügte ebenfalls über fünf Triebwerke, die etwa 400 000 Liter flüssigen Sauerstoff und 1,2 Millionen flüssigen Wasserstoff verbrannten. Sie brachten die Rakete innerhalb von 6,5 Minuten bis in 180 Kilometer Höhe, und auf eine Geschwindigkeit von 24 000 Kilometer pro Stunde.

Die dritte Stufe hievte die Restrakete, die nur noch aus dem Apollo-Raumschiff und dem Mondfahrzeug bestand, in eine Höhe von rund 185 Kilometern. Damit hatte das Gespann seine Parkbahn erreicht, in der alle Systeme überprüft wurden. War alles in Ordnung, zündete das Triebwerk erneut und beschleunigte das Raumschiff innerhalb von etwa fünf Minuten bis auf 37 500 Kilometer pro Stunde. Es verließ die Erdumlaufbahn und flog auf den Mond zu.

Die Entwicklung aller Komponenten verlief unter Hochdruck. Brennversuche der Triebwerke liefen an mächtigen Testständen, wobei es immer wieder zu Problemen bis hin zu verheerenden Explosionen kam. Unermüdlich fanden die Ingenieure Konstruktionsfehler und behoben sie. Aber die technischen Schwierigkeiten verzögerten die gesamte Entwicklung. Der Termin für die geplante Mondlandung bis 1969 geriet gefährlich ins Wanken. Daher ordnete die Führung der NASA im Jahre 1963 an, dass künftig nicht mehr wie bisher einzelne Komponenten der Saturn V bei Testflügen überprüft werden sollten, sondern nur noch die komplette Version einschließlich Raumschiff und Mondfähre. Dieses beschleunigte Verfahren stieß anfänglich bei von Braun auf scharfen Protest. Doch die NASA blieb hart und setzte das All-up-Verfahren durch. Letztlich funktionierte es. Bei insgesamt 32 Starts versagte weder eine Saturn V noch eines ihrer Vorläufermodelle.

Es gab eine Vielzahl von Zulieferfirmen beim Bau der Rakete, die über das gesamte Gebiet der Vereinigten Staaten verteilt waren. Um große Teile der Saturn V zum Kennedy Space Center transportieren zu können, mussten Schiffe weite Wege zurücklegen. Die zweite Antriebsstufe zum Beispiel baute die Firma North American Rockwell in Los Angeles. Der Transport erfolgte per Schiff durch den Panamakanal und den Golf von Mexiko nach Florida. Zudem wurde eine alte Boeing 377 so umgebaut, dass sie große Teile aufnehmen konnte. Wegen seiner walartigen Form nannte man den Transporter pregnant guppy, (schwangerer Fisch). In die vergrößerte Version, den Super Guppy, passte die gesamte dritte Raketenstufe hinein. Dazu wurde der Flugzeugrumpf in der Mitte komplett geöffnet, Front- und Heckteil auseinandergefahren und die Last hineingehoben. Zum Erstaunen vieler Zuschauer flog dieses unförmige Gebilde sogar.

Von Braun hatte beschlossen, die Saturn V in einem einzigen Gebäude komplett zusammenzubauen und die startfertige, noch nicht betankte Rakete auf dem Rücken eines Transporters zusammen mit dem Startturm zur Abschussrampe zu fahren. Zu diesem Zweck wurde im Kennedy Space Center die Montagehalle, Vehicle Assembly Building, errichtet: ein gewaltiges Gebäude mit einer Grundfläche von vier Fußballfeldern (158 mal 218 Meter) und einer Höhe von knapp 107 Metern. Mit einem Volumen von 3,7 Millionen Kubikmetern war es damals das größte Gebäude der Welt. Eine Klimaanlage, die für 3000 Wohnhäuser gereicht hätte, erzeugte kontrollierte Bedingungen und verhinderte Wolkenbildung. Es war eine riesige Fabrik mit einzigartigen Ausmaßen.

War die Saturn V fertig montiert, musste sie zur sechseinhalb Kilometer entfernten Startrampe transportiert werden. Hierfür wurde der legendäre Crawler gebaut, der später auch das Space Shuttle schulterte. Dieser 40 Meter lange und 35 Meter breite Raupenschlepper wog 2500 Tonnen, hinzu kamen noch einmal 5200 Tonnen für die Rakete und den Startturm. Um diese Last mit 1,5 Kilometer pro Stunde transportieren zu können, waren vier Elektrogeneratoren mit jeweils einer Million Watt Leistung sowie zwei 2750 PS starke Dieselgeneratoren nötig. Diese speisten die 16 Elektromotoren. Während der Fahrt durfte die Spitze der Rakete in 140 Meter Höhe nicht mehr als 40 Zentimeter schwanken.

Am 9. November 1967 stand die erste Saturn V auf der Startrampe. Als Nutzlast trug sie das unbemannte Raumschiff Apollo 4. Die Mondlandefähre war noch nicht fertig, sodass sich die Ingenieure mit einem Modell begnügen mussten. Während des Aufstiegs entstanden jedoch in der gesamten Rakete gefährliche Längsschwingungen, die den Körper wie eine Ziehharmonika dehnten und stauchten. Die Ingenieure sprachen in Anlehnung an ein Kinderspielzeug vom Pogo-Effekt. Außerdem schwappte der Treibstoff in der ersten Stufe hin und her. Beim zweiten Flug dieses Raketentyps traten noch mehr Schwierigkeiten auf: Zwei Triebwerke der zweiten Stufe schalteten sich zu früh ab, die dritte Stufe ließ sich nach dem Eintritt in den Orbit kein zweites Mal zünden. In den folgenden unbemannten Flügen Apollo 5 und 6 konnten einige dieser Probleme gelöst werden, einzig der Pogo-Effekt blieb hartnäckig. Er trat immer wieder auf, auch bei anderen Raketentypen, führte aber bei der Saturn V nie zu einem Totalversagen.

Zwischen Dezember 1968 und Dezember 1972 brachten neun Saturn-V-Raketen 24 Astronauten zum Mond. Drei aus dem Programm übrig gebliebene Exemplare lassen sich heute noch besichtigen: im Lyndon B. Johnson Space Center in Houston, im Besucherzentrum des Kennedy Space Center in Florida und im US Space & Rocket Center am Marshall Space Flight Center in Huntsville.

Übrigens hält sich seit Jahrzehnten hartnäckig das Gerücht, die Pläne der Saturn V seinen verloren gegangen. Das stimmt nicht. Alle Pläne sind auf Mikrofilmen archiviert und befinden sich im Marshall Space Flight Center der NASA.

Wernher von Braun erläutert Präsident Kennedy am 16. November 1963 die Startbasis für die Saturn-V-Raketen.

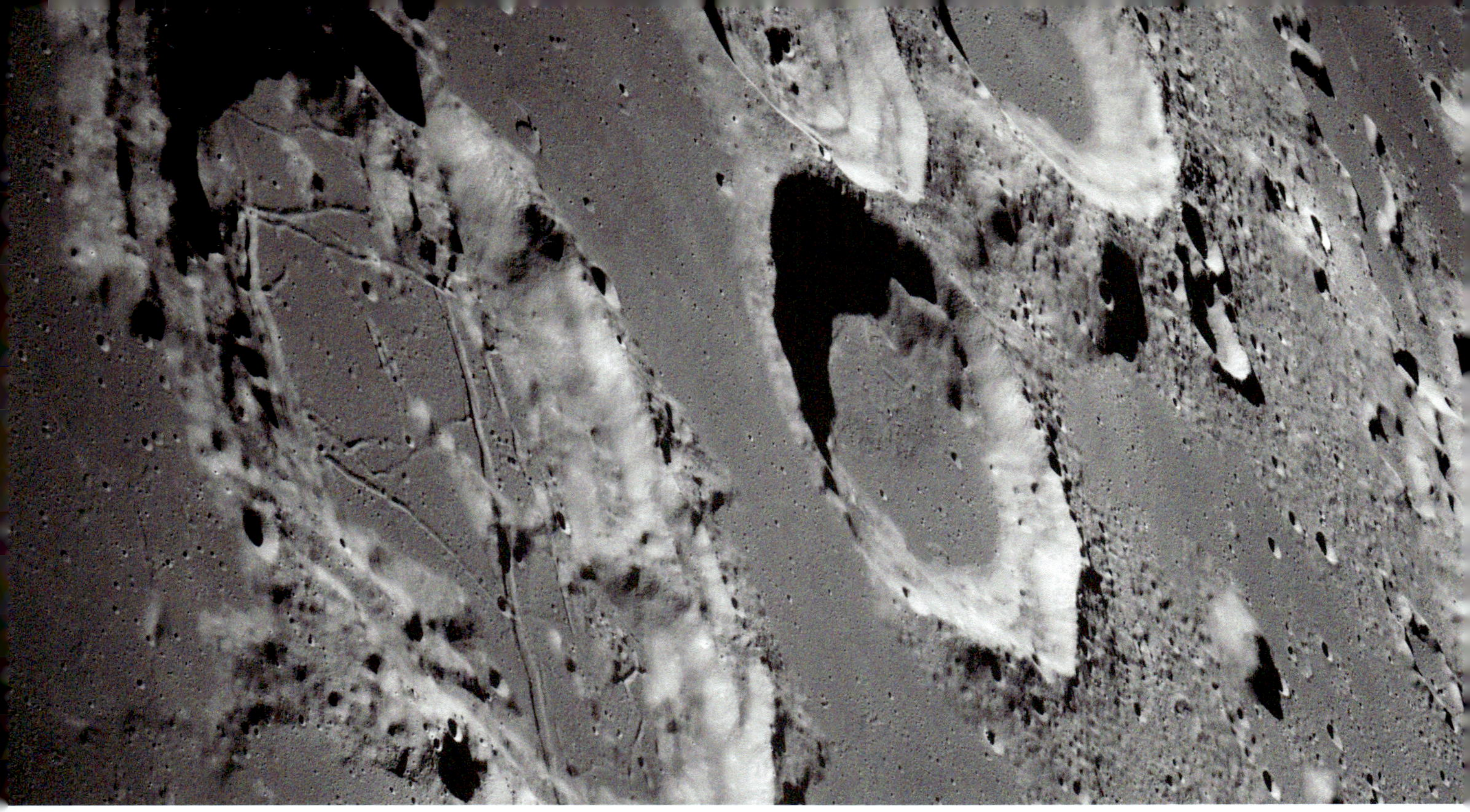

Vor dem Triumph steht die Tragödie

Innerhalb von nur eineinhalb Jahren erfolgten sieben unbemannte und bemannte Apollo-Missionen. Sie bereiteten die historische Mondlandung vor. Zu Beginn geriet Apollo 1 jedoch zur Katastrophe.

Der Blick von Apollo 8 auf den großen Mondkrater Goclenius: Am 24. Dezember 1968 gelingt der Besatzung diese Detailaufnahme.

Als das Gemini-Programm im November 1966 beendet war, hatte man schon mit der Entwicklung für Apollo begonnen. Am Anfang stand aber die Frage, wie man eigentlich zum Mond gelangen konnte.

Nach langen Diskussionen setzte sich ein NASA-Ingenieur namens John Houbolt mit seinem Mond-Rendezvous-Manöver durch. Danach wird das gesamte Raumschiff mit einem Start in die Erdumlaufbahn gebracht, fliegt von dort aus zum Mond und schwenkt in eine Umlaufbahn ein. Dann trennt sich die mit zwei Astronauten besetzte Mondfähre von dem Orbiter (Mutterschiff) ab, in dem ein Astronaut zurückbleibt. Die Mondfähre landet mit zwei Astronauten an Bord auf der Oberfläche. Der Rückstart erfolgt mit der Oberstufe der Fähre, die wieder an die Kommandokapsel andockt. Die beiden Mondbesucher steigen in den Orbiter um, dann wird die Mondfähre abgestoßen, und schließlich beschleunigt das Raumschiff in Richtung Erde. Dieses Szenario hatte schon Ende der 1920er-Jahre der sowjetische Raketenwissenschaftler Juri Kondratjuk vorgeschlagen.

Nun musste die Entwicklung von Rakete, Raumkapsel und Mondlandefähre mit Hochdruck vorangetrieben werden. Am 27. Januar 1967 sollten Gus Grissom, Roger Chaffee und Edward White bei einer simulierten Startvorbereitung einige Funktionen der Apollo-Kapsel testen, die hierzu auf einer Saturn IB montiert war. Die drei Astronauten lagen in der verschlossenen Kapsel, während der fiktive Countdown weiterzählte. Zehn Minuten vor Ende des Tests hörten die Techniker plötzlich über Funk Whites Hilferuf: „Feuer in der Kapsel!“ Innerhalb weniger Sekunden füllte sich der kleine Raum mit Feuer und dickem Qualm. Die Astronauten erstickten und verbrannten in dem Käfig, aus dem es kein Entkommen gab. Von innen ließ sich die Kapsel nicht öffnen, von außen benötigte man hierfür mindestens 90 Sekunden.

Ursache war ein kleiner Funke einer fehlerhaften elektrischen Verbindung gewesen. Der Brandherd brei-

Die erste Apollo-Besatzung im All: James Lovell, William Anders und Frank Borman vor dem Apollo-Simulator im Kennedy Space Center.

tete sich rasend schnell aus, weil zum einen die Kapsel mit reinem Sauerstoff gefüllt war und zum anderen leicht brennbare Materialien verwendet worden waren. Hinzu kam eine Fülle von Unzulänglichkeiten, welche eine Untersuchungskommission auf Zeitdruck, Unerfahrenheit und Nachlässigkeit zurückführte. Insgesamt empfahl sie 1700 Änderungen, von denen 1340 genehmigt wurden. Eineinhalb Jahre lang arbeiteten etwa 150 000 Techniker rund um die Uhr an den Modifizierungen. Danach galt das Raumschiff als perfekt.

Die Kapsel, in der die drei Astronauten den Tod fanden, erhielt die Bezeichnung Apollo 1. Die Missionsnummern 2 und 3 existieren im Apollo-Programm nicht, die zuvor erfolgten unbemannten Testflüge mit der Saturn IB erhielten die offiziellen Bezeichnungen AS-201, 202 und 203.

Der 9. November 1967 wurde der erste Meilenstein im Mondlandeprogramm. Der Jungfernflug der Saturn V stand an. Sie sollte das unbemannte Raumschiff Apollo 4 in eine Erdumlaufbahn bringen. Die Mondlandefähre war noch nicht fertig, sodass sich die Ingenieure mit einem Modell begnügen mussten. Pünktlich um 12 Uhr mittags röhrten die Triebwerke, langsam hob die neue Riesenrakete ab. Doch plötzlich setzten während des Aufstiegs in der gesamten Rakete gefährliche Längsschwingungen ein, die den Körper wie eine Ziehharmonika dehnten und stauchten. Die Ingenieure sprachen in Anlehnung an ein Kinderspielzeug vom Pogo-Effekt. Doch letztlich klappte alles, die Mission wurde ein erster Erfolg.

Es folgten zwei weitere unbemannte Flüge, bevor mit Apollo 7 erstmals drei Astronauten ins All fliegen sollten. Sicherheitshalber wählte man hierfür die Saturn IB, deren Schub ausreichte, weil die Mondfähre nicht mit an Bord war und das Raumschiff in eine relativ niedrige Erdumlaufbahn eingeschossen werden sollte. Am 11. Oktober 1968 hob die Rakete in Cape Canaveral mit Walter Schirra, Don Eisele und Walter Cunningham ab. Alles verlief planmäßig: Das Raumschiff erreichte die Umlaufbahn, wo die drei Astronauten ihre Kommandokapsel und das Versorgungsmodul auf Herz und Nieren testeten.

Mit Apollo 8 sollte endlich auch die Mondfähre in der Erdumlaufbahn erprobt werden, doch die bereitete von Tag zu Tag neue Probleme und wurde nicht rechtzeitig fertig. Ein Aufschub des Fluges kam aber auch nicht in Frage, weil es Gerüchte über die Wiederaufnahme der sowjetischen Sojus-Flüge gab. Als

Die tragischen Opfer von Apollo 1: Roger Chaffee, Edward White und Gus Grissom bei einer Simulation für ihren Flug.

Die Kapsel der Apollo 1 Mission: In ihrem Inneren brach das Feuer aus, das den drei Astronauten den Tod brachte.

Wernher von Braun erklärte, alle Probleme der Saturn V seien ausgeräumt, traf die NASA eine historische Entscheidung: Sie zog den ersten Flug von Menschen zum Mond um eine Mission vor. Frank Borman wurde der Kommandant, James Lovell der Pilot. Der dritte Mann an Bord war Neuling William Anders. Er galt als Pilot der Mondlandefähre, obwohl diese gar nicht dabei war.

Apollo 8 sollte genau dann am Mond ankommen, wenn über dem Mare Tranquilitatis, das man bereits als Landebereich für Apollo 11 ausgesucht hatte, die Sonne aufging. Dann steht diese dicht über dem Horizont, und alle Gegenstände werfen lange Schatten, sodass sich auch kleine Oberflächenformationen gut erkennen lassen. Auf die Sekunde genau hob die mächtige Rakete am 21. Dezember 1968 ab. Der erste bemannte Flug der Saturn V führte gleich zum Mond.

Während sich das Raumschiff auf den Mond zu bewegte, drehte es sich langsam um seine Längsachse. Damit erreichte man, dass die Sonnenstrahlen die Außenwand gleichmäßig erwärmten. Die Astronauten nannten dies die „Grillspieß-Methode“ (Barbecue Mode) – ein Verfahren, das bei allen Apollo-Flügen eingesetzt wurde.

Üben für das Rendezvous: Von Bord des Raumschiffs Apollo 7 zeigt sich dieser Blick auf eine Saturn S-IVB-Stufe, mit der Andock-Manöver geprobt werden.

Der Flug verlief relativ ereignislos. Knapp 69 Stunden nach dem Start erreichte Apollo 8 den Mond. Als das Raumschiff von der Erde aus gesehen hinter dem Trabanten war, musste das Bremstriebwerk exakt 247 Sekunden lang feuern. Damit würde es in eine Umlaufbahn einschwenken. Bei zu langer Brenndauer würde es irgendwann auf dem Mond aufschlagen. Am Ende der vorgesehenen Brennphase zählte Borman den Countdown laut mit und schaltete bei null vorsichtshalber selbst das Triebwerk ab. Apollo 8 hatte exakt die richtige Umlaufbahn erreicht. Es war Heiligabend. Erstmals umkreisten Menschen den Mond, so wie in Jules Vernes Roman.

In 111 Kilometer Höhe überflogen sie die faszinierende Kraterlandschaft. „Der Mond ist im Wesentlichen grau, keine Farben. Sieht aus wie Gips“, sagte Lovell. Das bewegendste Erlebnis aber war der Aufgang der Erde über dem Mondhorizont. „Oh mein Gott“ rief Anders plötzlich seinen Kameraden zu. „Schaut Euch das Bild dort an. Die Erde kommt hoch. Wow, ist das schön!“ Eigentlich war keine Zeit, um Fotos zu machen, aber Anders war so fasziniert, dass er sich die Kamera griff und einige Aufnahmen schoss. Sie gehören zu den berühmtesten Fotos der Apollo-Ära.

Apollo 8 umrundete den Mond innerhalb von 20 Stunden zehnmal. Dann feuerten die Triebwerke erneut und schossen das Raumschiff auf die Rückkehrbahn. Alles lief wie am Schnürchen. Am 27. Dezember wasserte die Apollo-Kapsel im Pazifik – fünf Kilometer vom Ziel entfernt, elf Sekunden zu früh.

Damit waren die Amerikaner ihrem Ziel einen großen Schritt näher gekommen. Doch es fehlten noch zwei weitere Vorbereitungsflüge, in denen nun endlich die Mondfähre und alle erdenklichen Steuer- und Andockmanöver in der Umlaufbahn getestet werden mussten. Am 3. März 1969 starteten James McDivitt, Dave Scott und Russell Schweickart mit Apollo 9 in eine Erdumlaufbahn und probten alle für die spätere Mondmission nötigen Manöver.

Die Kommandoeinheit saß mit der Spitze nach vorn auf der Rakete. Da sich dort die Durchgangsluke zur Mondfähre befand, musste sich die Kommandoeinheit zunächst um 180 Grad drehen. Dann dockte sie an die Mondfähre an und zog diese aus der Raketenhülle heraus. Dieses Manöver musste bei allen späteren Apollo-Flügen ausgeführt werden und fand kurz nach dem Einschuss in die Mondbahn statt. Dann

stiegen McDivitt und Schweickart in die Mondfähre um und koppelten diese von der Kommandoeinheit ab. Sie manövrierten ihr spinnenbeiniges Gefährt in eine niedrigere Umlaufbahn, kehrten zurück, warfen die Landeeinheit ab und dockten wieder an. Alles lief bestens. Nach weiteren Experimenten kehrten sie zehn Tage nach dem Start wohlbehalten zur Erde zurück. Die Mondfähre war zuvor in der Atmosphäre verglüht.

Der nächste Schritt mit Apollo 10 war die Generalprobe für die Mondlandung. Diese Mission vereinte die Anforderungen von Apollo 8 (Flug zum Mond) und Apollo 9 (diverse Flugmanöver in der Umlaufbahn). Es war das bis dahin riskanteste Unternehmen. Von seinem Gelingen hing es ab, ob Apollo 11 auf dem Mond landen würde. Dessen waren sich die Verantwortlichen bei der NASA natürlich bewusst. Aus diesem Grund war unter den drei Astronauten kein Anfänger dabei. John Young und Eugene Cernan waren bereits gemeinsam mit Gemini 9 geflogen und Thomas Stafford hatte mit Gemini 6 die Erde umkreist.

Der Start am 18. Mai 1969 verlief reibungslos, ebenso wie der spätere Einschuss in die Mondbahn, das Herausziehen der Mondlandefähre aus der Raketenstufe und das Einschwenken in eine Mondumlaufbahn drei Tage nach dem Start. Dort begann der eigentlich spannende Teil der Mission. Während Young in der Apollo-Kapsel blieb, die sie Charlie Brown nannten, stiegen Stafford und Cernan durch eine Verbindungsluke in die Mondfähre namens Snoopy um. Dann zündeten sie das Triebwerk eine halbe Minute lang, sodass sich die Fähre auf einer spiralförmigen Bahn nach unten bewegte bis in eine Höhe von 15 Kilometern. Mit über 6000 Kilometer pro Stunde flogen sie nun über diese faszinierende Landschaft aus Kratern, Bergrücken und Lavaebenen hinweg. Dabei überquerten die Astronauten auch das Landegebiet von Apollo 11, das ihnen sehr eben und daher geeignet erschien.

Mondlandefähre über der Erde: Die Astronauten von Apollo 9 proben in der Erdumlaufbahn alle Manöver für die spätere Mondlandung.

Als nächstes mussten die beiden Astronauten die Aufstiegsstufe, in der sie sich befanden, von der Abstiegsstufe trennen. Hierfür aktivierten sie zunächst einige pyrotechnische Bolzen. Dabei erhielt die Fähre einen derart starken Impuls, dass sie unkontrolliert zu torkeln begann. So rasch wie möglich stieß Stafford den Abstiegteil ab und versuchte, ihren Teil der Mondfähre unter Kontrolle zu bringen. Acht bange Sekunden lang kämpfte der Pilot mit der Steuerung, dann war die Fähre wieder ruhig. Zehn Minuten später zündete er das Triebwerk, das Snoopy an Charlie Brown heranführte. Nach dem Andocken stiegen Stafford und Cernan wieder in das Kommandoteil um und stießen die Mondfähre ab, die auf der Oberfläche zerschellte. Nach 31 Mondumkreisungen zündeten sie das Triebwerk von Charlie Brown und flogen nach Hause.

Damit hatten sie alle Manöver erfolgreich ausgeführt, die für Apollo 11 notwendig waren – bis auf die Mondlandung. Die erfolgte zwei Monate später.

Manöver in der Umlaufbahn des Mondes: Blick auf die Kommandokapsel von Apollo 10, aufgenommen von der abgekoppelten Landefähre.

Die Landungen auf dem Mond

„Wir kamen in Frieden für die gesamte Menschheit“

Die erste Landung von Menschen auf einem fernen Himmelskörper gilt als Jahrhundertereignis. Sie prägte eine ganze Generation junger Menschen rund um den Globus.

Nach dem Erfolg von Apollo 10 waren die Raketenforscher in den USA sehr zuversichtlich, dass die lang ersehnte Landung auf dem Mond gelingen könnte. Die ganze Welt fieberte diesem historischen Ereignis entgegen. Am Vorabend des Starts gab es im Umkreis von 80 Kilometern um Cape Canaveral kein einziges freies Hotelzimmer mehr. Rund eine Million Menschen waren angereist und kampierten an den Straßen. Autos, Wohnwagen, Fahrräder und Motorräder drängten sich dicht an dicht bis in zehn Kilometer Entfernung vom Startzentrum. Es war das größte Verkehrschaos in der Geschichte des Bundesstaates Florida.

Am frühen Morgen des 16. Juli 1969 wurden Neil Armstrong, Edwin „Buzz“ Aldrin und Michael Collins geweckt. Um 5:30 Uhr beendeten sie das Frühstück, eine halbe Stunde später zogen sie die Raumanzüge an, um 6:37 Uhr standen sie mit der Schließmannschaft und sechs weiteren Personen auf der Rampe. Einer von ihnen war Günther Wendt, ein Deutscher, der aber nicht zur Peenemünder Gruppe gehörte. Wendt war bereits bei jedem Mercury- und Gemini-Flug für den Zustand des Raumfahrzeugs verantwortlich gewesen. Wenn wieder ein Start anstand, kannte er keine Kompromisse, alles musste nach seinem Plan gehen. Aber die Leute mochten ihn wegen seiner unbestrittenen Kompetenz. „Man kann mit Günther gut zurechtkommen“, sagte Apollo-Astronaut Charles Conrad einmal. „Man braucht nur dasselbe zu wollen wie er.“

Die drei Astronauten verabschiedeten sich von Wendt, der Neil Armstrong aus Spaß einen eineinhalb Meter langen „Schlüssel für den Mond“ aus Schaumstoff überreichte. Armstrong musste das Geschenk natürlich zurücklassen, bedankte sich aber seinerseits

Historischer Moment: Am 14. Juli 1969 startet die Apollo-11-Mission an der Spitze der über 110 Meter hohen Saturn-V-Rakete vom Kennedy Space Center.

Zeugen der Geschichte: Tausende von begeisterten Zuschauern kampierten entlang der Straßen und an den Stränden nahe des Kennedy Space Centers, um den Start der Mondmission mit eigenen Augen zu verfolgen.

bei Wendt mit einer Fahrkarte für einen Taxiflug „gültig zwischen zwei Planeten." Dann stiegen die drei Astronauten ins Raumschiff. Um 7:52 Uhr war die Luke dicht verschlossen: Armstrong, Aldrin und Collins waren jetzt die einzigen Menschen auf der Startrampe, in etwa hundert Meter Höhe auf der gewaltigsten Rakete aller Zeiten.

Wie schon bei den vorherigen Apollo-Flügen gaben Robert Gilruth und Wernher von Braun persönlich zwei Minuten vor dem Start Raumschiff und Rakete frei, um 9:32 Uhr spuckten die Triebwerke der ersten Stufe Feuer. Langsam hob die Rakete ab. „Eine ziemlich raue Fahrt in den ersten fünfzehn Sekunden", erinnerte sich Collins später. Doch dann ging es ruckelfrei weiter bis in die Erdumlaufbahn.

Alle weiteren Manöver und der Flug zum Mond verliefen einwandfrei. Nur ein merkwürdiger Störfaktor war eingetreten. Einige Tage vor dem Start von Apollo 11 hatten die Sowjets eine Sonde mit der Bezeichnung Luna 15 in Richtung Mond geschossen. Da bei der NASA niemand über die Flugbahn und die wissenschaftliche Zielsetzung Bescheid wusste, kam Unruhe auf. Apollo-Astronaut Frank Borman sollte die Sache klären, weil er gute Kontakte zu den sowjetischen Kollegen besaß.

Tatsächlich bekam er umgehend per Telegramm die Bahndaten von Luna 15, die am 17. Juli in eine Mondumlaufbahn eingeschwenkt war. „Der Orbit der Luna-15-Sonde schneidet nicht die von Ihnen im Flugprogramm angekündigte Bahn des Raumfahrzeugs Apollo 11", teilte ihm der Direktor des Instituts der Wissenschaften in Moskau, Mstislaw Keldysch, mit. Was die Sowjets genau mit Luna 15 vorhatten, blieb jedoch ein Geheimnis. In Deutschland war für die Bild-Zeitung klar: „Automatischer Iwan ist ein Mond-Spion." Erst viel später stellte sich heraus, dass die Sonde weich auf dem Mond landen und noch vor den Astronauten Gestein zur Erde bringen sollte. Das Vorhaben misslang. Luna 15 zerschellte ironischerweise im Mare Crisium.

In der Mondumlaufbahn angekommen, stiegen Aldrin und Armstrong in die Mondlandefähre Eagle (Adler) um, benannt nach dem Wappentier der Vereinigten Staaten, dem Weißkopfseeadler. Collins blieb im Mutterschiff Columbia zurück, deren Name eine Ehrung für Jules Verne war, dessen fiktives Mondfahrzeug ebenso hieß. Dann koppelte die Landefähre ab und näherte sich der Oberfläche.

In etwa 14 Kilometer Höhe überquerte sie das Mare Tranquilitatis, das Meer der Ruhe. Neil Armstrong schaute durch das Dreieckfenster hinunter, suchte unablässig nach Landemarken, die er sich bei den unzähligen Tests im Simulator eingeprägt hatte. Edwin „Buzz" Aldrin saß währenddessen am Computer und las seinem Kollegen Messdaten vor.

Alles lief nach Plan, bis Aldrin einen Fehler bemerkte. Das Radargerät, das die Entfernung zum Boden maß, lieferte einen anderen Wert als der Computer errechnete. Da Aldrin eher dem Messinstrument vertraute als dem Computer, wollte er ihm die richtigen Daten eingeben. In dem Moment leuchtete ein rotes Warnsignal auf. Fehler Nummer 1202! Ein be-

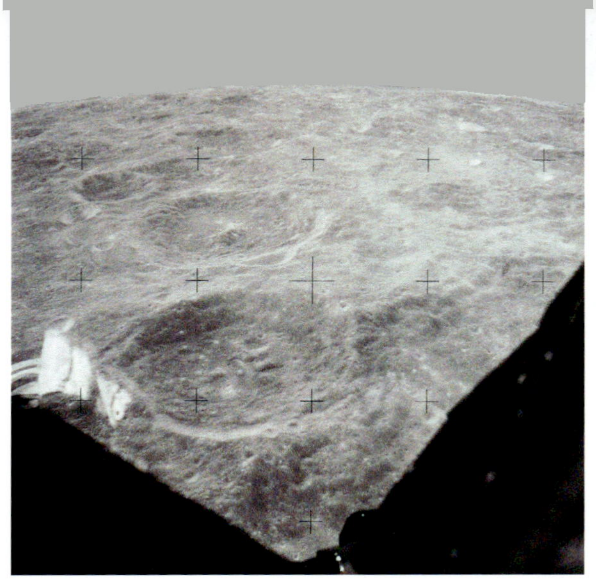

So sahen Armstrong und Aldrin aus dem Fenster der Mondlandefähre die Oberfläche ihres Zielgebiets. Die letzte Anflugphase steuerten die Astronauten auf Sicht.

Der zweite Mann auf dem Mond: Neil Armstrong fotografiert seinen Ko-Piloten Edwin Aldrin, als er die Leiter der Mondlandefähre hinuntersteigt.

kanntes Problem, das die Astronauten und Techniker in den Simulatoren der Mondlandefähre schon an den Rand des Wahnsinns getrieben hatte. Es war ein Hilferuf des überforderten Computers, der vom Radar Informationen forderte, aber nicht bekam. Hartnäckig wie Computer sind, fragte er die Daten unentwegt nach, bis er abbrach und mit seinen Berechnungen von vorne begann. Er war in eine Endlosschleife geraten, aus der er nicht herausfand.

Der Führungsoffizier im Kontrollzentrum „Mission Control" in Houston musste entscheiden, ob der Landeversuch abgebrochen werden sollte oder nicht. Die Erfahrung aus den Simulatoren sprach für weitermachen, solange das Zeichen nur zeitweilig aufleuchtete. Kritisch wurde es erst bei Daueralarm. Da alle anderen Systeme der Mondfähre einwandfrei arbeiteten, beschloss er: Go!

Rund 900 Meter über der Oberfläche ertönte erneut Alarm. Dieses Mal war es Fehler Nummer 1201. „Dieselbe Art", meldete Houston, „wir machen weiter." Armstrong sah derweil in eineinhalb Kilometer Entfernung das angepeilte Ziel. Noch 300 Meter über dem Boden. Wieder ertönte der Alarm. Jetzt wurde Armstrong unruhig, allerdings nicht wegen der Warnung, sondern wegen des Terrains. Bei dem Landeplatz, den man aufgrund von Aufnahmen vorheriger Sonden ausgewählt hatte, handelte es sich um einen Krater, groß wie ein Fußballfeld. Überall lagen Felsbrocken herum, von denen einige groß wie Autos waren. Viel zu gefährlich, hier runterzugehen. Kurzentschlossen übernahm Armstrong selbst das Steuer, um nach einem geeigneteren Landeplatz zu suchen.

Nur noch hundert Meter über dem Boden schwebte der Adler dahin. Während Aldrin unablässig Kontrolldaten aus dem Computer runterrasselte, hielt Armstrong nach einem sanften Gelände Ausschau. Ständig musste Aldrin ihn über Höhe, Geschwindigkeit und Treibstoffreserve informieren. Die Bodenmannschaft wusste indes nichts von der problematischen Oberflächenbeschaffenheit, sie vernahm ausschließlich Aldrins Zahlenkolonnen. Ihnen konnten sie lediglich entnehmen, dass Armstrong und der Computer gemeinsam den Adler steuerten: Der Astronaut übernahm die Horizontalbewegung, während die Schubkommandos teils der Computer, teils Armstrong ausführten.

Endlich erkannte Armstrong hinter einem Krater ein sanftes Gelände, das geeignet schien. Jetzt waren sie noch 65 Meter hoch und flogen mit 12 Kilometer pro Stunde dem Ziel entgegen. Nun kam alles darauf an, die Vorwärtsbewegung über dem Landegebiet vollends auf null zu senken und die Mondfähre senkrecht abzusetzen. Bei einer Seitwärtsbewegung konnten die Landebeine abknicken. Doch die beiden Astronauten hatten nicht mehr viel Zeit. Der Treibstoff reichte nur noch für etwas mehr als 60 Sekunden. Dabei mussten sie eine Reserve von 20 Sekunden für einen möglichen Abbruch und einen Rückstart zur Columbia aufbewahren. Also noch 40 Sekunden für Armstrong.

Doch der behielt die Ruhe. Sanft wie ein Vögelchen brachte er den Adler nach unten. Plötzlich wirbelte Staub auf – Mondstaub. „Noch 30 Sekunden" kam die Warnung aus Mission Control und dann Aldrin: „Bodenkontakt-Anzeige". Die Sensoren an den Landebeinen hatten Kontakt mit der Oberfläche bekommen. Die Mondfähre hatte so sanft aufgesetzt, dass die beiden Astronauten es gar nicht spürten. Schnell schalteten Armstrong und Aldrin das Triebwerk und andere Geräte ab. Dann herrschte für einen Moment Ruhe, bevor Armstrong zur Erde meldet: „Houston, Tranquili-

Aldrins Fußstapfen im Mondstaub und sein Schuh: Sie gehören zu den ersten Spuren, die der Mensch auf dem Mond hinterließ.

Im Kontrollzentrum wurde jeder Schritt von Armstrong und Aldrin aufmerksam verfolgt.

ty Base here. The Eagle has landed – Houston, hier Meer der Ruhe. Der Adler ist gelandet."

„Roger, Tranquility", kam die Antwort aus Houston. „Hier sind 'ne Menge Leute, die schon blau angelaufen sind. Jetzt atmen wir wieder. Herzlichen Dank." „Danke Euch", entgegnete Aldrin.

Das Jahrhundertwerk war gelungen. Am 21. Juli 1969 waren zum ersten Mal Menschen auf einem fremden Himmelskörper gelandet. Es war ein historischer Moment, den Armstrong mit seinem legendären Satz zum Ausdruck brachte, als er die Mondoberfläche betrat: „Es ist ein kleiner Schritt für einen Menschen, aber ein großer Schritt für die Menschheit." Wernher von Braun schwärmte von dem bedeutendsten Geschehnis in der Evolution und Geschichte der Menschheit und einem Triumph des Geistes.

Mehr als eine halbe Milliarde Menschen rund um den Globus verfolgten im Fernsehen die Schritte der beiden Astronauten auf unserem Trabanten. Auch wenn die Bilder unscharf waren und oft nicht mehr zeigten als weiße Gestalten vor einem grau-weißen Hintergrund, starrten die Menschen wie gebannt auf die Bildschirme. Es war in Deutschland fast vier Uhr nachts, als Armstrongs Stiefel Mondstaub aufwirbelten, der dort seit Milliarden von Jahren unberührt gelegen hatte.

Die Begeisterung kannte keine Grenzen. Die New York Times brachte die größte Schlagzeile ihrer Geschichte. In Deutschland erschien die Bild-Zeitung mit dem Logo „Mond-Zeitung" und titelte in üblicher Manier: „Der Mond ist jetzt ein Ami". Fast die gesamte Ausgabe war nur diesem überragenden Ereignis gewidmet. Acht Tage lang beherrschte Apollo 11 die Schlagzeilen, bis die Mondfahrer nach der Landung in den „Seuchenkäfig" (Quarantäne) mussten. Weltweit berichteten die Medien ausführlich, selbst das staatliche Fernsehen der Sowjetunion brachte die Aufnahmen vom Mond in mehreren Wiederholungen. Lediglich die kommunistischen Regierungen von China, Nordkorea, Nordvietnam und Albanien informierten ihre Bürger nicht über das Ereignis.

Diese ersten Schritte von Menschen auf einem fernen Himmelskörper lösten für kurze Zeit geradezu eine Euphorie aus. Politische Probleme schienen vergessen, Amerika war endlich die unbestrittene Nummer eins im Weltraum, eine ganze Generation junger Menschen wurde von diesem Ereignis geprägt. Von Braun meinte damals, die Apollo-Astronauten hätten einen ersten Brückenkopf auf einer anderen Welt errichtet und das Tor zum Weltraum aufgestoßen. In seinen kühnen Träumen sah er schon 1982 die ersten Menschen auf dem Mars herumspazieren. Diese Entwicklung ist nicht eingetroffen, eine bemannte Mars-Mission ist bis heute nicht in Sicht.

Willkommen für die Helden der Nation: Aldrin, Collins und Armstrong (von links) werden mit einer Konfettiparade in New York von begeisterten Amerikanern empfangen.

Ein Tag auf dem Mond

Neil Armstrong und Buzz Aldrin verbrachten auf dem Mond zweieinhalb Stunden außerhalb der Landefähre. Eine kurze Stippvisite für zwei Männer, eine neue Ära für die Menschheit.

Die Astronauten hatten nur wenig Zeit für ihre Untersuchungen. Hier installiert Aldrin Apparaturen für ein seismisches Experiment.

Nach der abenteuerlichen Landung bereiteten sich Buzz Aldrin und Neil Armstrong auf den Ausstieg vor. Vorab mussten sie jedoch den Rückstart zur Columbia vorbereiten. Sie kontrollierten alle Systeme der Landefähre und gaben dem Bordcomputer die Ausrichtung der Eagle ein. Als dies nach zwei Stunden erledigt war, sollten sie eigentlich – man glaubt es kaum – schlafen. Dies sah der Plan für den Fall vor, dass die beiden aus irgendwelchen Gründen sofort wieder starten müssten. Dann sollten sie ausgeruht sein. Daran war aber natürlich überhaupt nicht zu denken. Armstrong und Aldrin beschlossen, den Ausstieg vorzuziehen. In den USA war das gegen acht Uhr abends, weswegen der Astronaut und Verbindungssprecher für Apollo 11, Charlie Duke, sagte: „Ihr Kerle bekommt im TV die beste Sendezeit!"

Aldrin hatte schon lange vorab beschlossen, den historischen Moment mit einem Abendmahl zu begehen. Der Chef des Astronautenbüros Deke Slayton riet ihm dringend davon ab, irgendein religiöses Brauchtum über den Äther zu verbreiten. Daran hielt sich Aldrin, aber im Stillen zelebrierte er ein Abendmahl mit einer kleinen Flasche Wein, einem Becher und einer Oblate, während er per Funk die Menschen ersuchte, einen Moment innezuhalten.

Dann bereiteten sich die beiden Astronauten auf den historischen Moment vor. Sie zogen spezielle Mondschuhe über, schnallten sich das tragbare Lebenserhaltungssystem auf den Rücken, flanschten die Versorgungsschläuche an und setzten den Helm auf, der mit einem goldbeschichteten Visier gegen die ungefilterte Sonnenstrahlung versehen war. Als diese Prozedur nach zwei Stunden erledigt war, entließ Aldrin den Sauerstoff aus der Kabine, weil sonst die aus sehr dünnem Metall hergestellte Luke bei einem Druckausgleich womöglich beschädigt worden wäre.

Mission Control erinnerte Armstrong derweil vorsichtshalber noch einmal daran, die an einem der Landebeine angebrachte Fernsehkamera einzuschalten. Dann stieg Armstrong als Erster die Treppe hinab. Als er um genau 3:56:15 Uhr Mitteleuropäischer Zeit den ersten Fuß auf den staubigen Boden setzte, sprach er den historischen Satz. „That's one small step for man, one giant leap for mankind – das ist ein kleiner Schritt für einen Menschen, aber ein großer Sprung für die Menschheit."

Viel wurde anschließend darüber diskutiert. So wird der Satz fast immer mit „one small step for *a* man" wiedergegeben, doch auf dem Tonband fehlt das *a*. Oft wird es mit der schlechten Übertragungsqualität erklärt, Fachleute sind aber fest davon überzeugt, dass Armstrong den unbestimmten Artikel schlicht vergessen hat. Er selber sagte dazu nur: „Wir werden

Ein weiteres Experiment dieser Apollo-Mission: Aldrin treibt einen von zwei Kernbohrern in die Mondoberfläche, um Material aus tieferen Schichten zu gewinnen.

es nie erfahren." Wie auch immer, Tatsache ist jedenfalls, dass Armstrong vor dem Flug mit Vorschlägen für einen historischen ersten Satz geradezu bombardiert wurde, die Public-Relations-Abteilung der NASA machte ihn nachdrücklich auf die Bedeutung aufmerksam. Armstrong antwortete dreißig Jahre später auf die Frage, wann er den berühmten Satz erdacht habe: „Bis zur Landung habe ich nicht darüber nachgedacht. Erst danach wurde mir klar, dass ich jetzt etwas sagen muss." Letztlich hätte wohl niemand einen besseren Satz finden können als Armstrong.

Als auch Aldrin 20 Minuten später auf dem Mond stand, klopften sich die beiden gegenseitig auf die Schultern und Armstrong sagte: „Ist das nicht was? Ein herrlicher Ausblick." „Großartige Verlassenheit" fügte Aldrin hinzu. Ihr Heimatplanet Erde leuchtete in hellem Blau am schwarzen Firmament.

Doch viel Zeit für Sightseeing blieb ihnen nicht, ein reichhaltiges Arbeitsprogramm lag vor ihnen, wobei ihnen untersagt worden war, sich weiter als 30 Meter von der Fähre zu entfernen oder in einen Krater hinabzusteigen. In der Nähe des Adlers bauten sie ein mit Solarzellen ausgestattetes Seismometer auf, das Signale von Mondbeben zur Erde übertrug. Hinzu kam ein Laserreflektor, der ähnlich wie ein Katzenauge an Straßenbegrenzungspfählen funktioniert und einge-

Auf dem Mond installieren die Astronauten auch einen Laserreflektor. Er wird noch heute genutzt, um Entfernungen mit höchster Präzision zu messen.

Edwin Aldrin vor der Mondlandefähre. Das aufgebaute Solarwind-Segel brachten die Astronauten wieder zur Erde zurück.

strahltes Licht genau in die Einstrahlrichtung zurückwirft. Er wird von der Erde aus mit einem gepulsten Laserstrahl angeleuchtet und das reflektierte Signal wieder empfangen. Dieses Gerät wird noch heute verwendet, um aus der Laufzeit des Signals den Abstand des Mondes zu messen. Auf diese Weise können Forscher millimetergenau den Abstand des Mondes von der Erde messen.

Außerdem installierten die Astronauten ein kleines Segel aus Aluminiumfolie, das sie wieder zur Erde zurückbrachten. Es diente dazu, den Strom von Mikrometeoriten und Teilchen des Sonnenwindes zu messen. Aus wissenschaftlicher Sicht am wichtigsten war aber das Mondgestein. Insgesamt 22 Kilogramm brachten die Astronauten mit, darunter auch zwei Bohrkerne, die sie mit einem Spezialwerkzeug aus etwa zwanzig Zentimeter Tiefe geholt hatten.

Nicht fehlen durfte die amerikanische Flagge, deren Mast Aldrin mit einem Hammer in den harten Boden rammen musste, bevor sie fest stand. Nachdem die beiden salutiert hatten, kündigte Houston ein wichtiges Telefonat an: „Neil und Buzz, der Präsident der Vereinigten Staaten befindet sich in seinem Büro und würde gern ein paar Worte an Euch richten." Richard Nixon zeigte sich begeistert und sagte: „Mit dem, was Sie vollbracht haben, ist der Himmel ein Teil der menschlichen Welt geworden."

Alle Aktivitäten zeichnete eine Kamera auf, die Armstrong knapp 20 Meter von der Landefähre entfernt aufgebaut hatte. Rund um die ganze Welt verfolgten schätzungsweise 600 Millionen Menschen das Treiben der beiden Männer auf dem Mond, einer jedoch nicht: „Ich nehme an, Du bist so ziemlich der einzige hier, der die Szene nicht im Fernsehen sieht",

Flaggenappell: Astronaut Edwin Aldrin neben der Standarte der Vereinigten Staaten.

funkte die Bodenstation an Michael Collins, der in seinem Raumschiff Columbia den Mond umkreiste und die Rückkehr seiner beiden Kollegen erwartete.

Insgesamt zweieinhalb Stunden verbrachten Armstrong und Aldrin auf dem Mond, dann drängte Mission Control zum Aufbruch. Als die beiden die Luke der Mondfähre geschlossen und wieder Sauerstoff in die Kabine gelassen hatten, setzten sie ihre Helme ab und – rochen das Mondgestein. „Es schien mir nach feuchter Asche im Kamin zu riechen“, sagte Armstrong später, während Aldrin sich an den Geruch von Schießpulver erinnert fühlte.

Bevor sie zur Columbia zurückkehren konnten, mussten sie noch ein paar Stunden schlafen, wofür der Adler wahrlich keine idealen Bedingungen bot. Es gab keine Sitzgelegenheiten und zudem wurde es empfindlich kalt. Die Apollo-12-Astronauten erhielten deshalb zwei Hängematten und eine verbesserte Klimaanlage.

Ein Blick von oben: Während die beiden Mondpioniere die amerikanische Flagge aufstellen, filmt die Kamera der Mondlandefähre das Geschehen.

Endlich, 21 ½ Stunden nach der Landung, war der Startmoment gekommen. Jetzt durfte das Triebwerk der Fähre auf keinen Fall versagen. Sie musste mindestens bis in 15 Kilometer Höhe aufsteigen. Von dort hätte Michael Collins sie abholen können.

Kurz vor dem Start bemerkte Aldrin, dass ein Stromkreisschalter, der indirekt den Motor in Gang setzen sollte, abgebrochen war. Kurzerhand griff er sich einen Kugelschreiber und arretierte den Schalter. Das war die Lösung. Das Triebwerk sprang an und arbeitete über sieben Minuten lang, bis das Oberteil des Adlers in die Umlaufbahn der Columbia aufgestiegen war. Armstrong manövrierte den Adler bis auf etwa zehn Meter an das Mutterschiff heran, dann übernahm Collins das Andockmanöver. Alles verlief planmäßig. Armstrong und Aldrin stiegen in die Columbia um, die Mondfähre wurde abgestoßen. Als sie auf der Oberfläche zerschellte, registrierte das Seismometer ein Beben.

Die Columbia nahm mit ihren Helden Kurs zurück zur Erde. Am 24. Juli 1969 landete die Kapsel im Pazifischen Ozean, und die Astronauten wurden vom Flugzeugträger USS Hornet an Bord genommen. Bevor Neil Armstrong, Buzz Aldrin und Michael Collins in die Öffentlichkeit durften, vergingen jedoch noch 17 Tage. Die verbrachten sie in Quarantäne, wo sichergestellt wurde, dass sie keine – rein hypothetischen – Mikroorganismen vom Mond mitgebracht hatten.

Auf dem Mond zurück blieb die Landestufe der Mondfähre. An einem der Beine befindet sich eine Metallplakette. Sie zeigt oben die zwei Hemisphären der Erdkugel und unten die Unterschriften der drei Astronauten sowie die von Richard Nixon. In der Mitte steht: „Hier setzten zum ersten Mal Menschen vom Planeten Erde einen Fuß auf den Mond. Juli 1969 A.D. Wir kamen in Frieden für alle Menschen.“

Die Botschaft der ersten Menschen auf dem Mond.

Der Weltraum ist die Grenze – Neil Armstrong

Der erste Mann auf dem Mond war nervenstark und privat zurückhaltend.

Neil Armstrong 1960 vor einem Überschallflugzeug der X-15 Reihe. Bereits bei seinen Testflügen als Pilot kam er dem Weltraum ein Stück näher.

Neil Armstrong galt als brillanter Intellekt mit schneller Auffassungsgabe. Persönlich war er zutiefst integer, zurückhaltend, hielt eher auf Distanz, Smalltalk war nicht sein Ding. Damit war er das Gegenteil zu seinem umtriebigen Kollegen Buzz Aldrin. Gleichzeitig erwies sich Armstrong als glänzender Pilot mit profunden Kenntnissen der Aerodynamik und stahlharten Nerven. Sie bewahrten ihn mehrere Male vor dem Tod.

Der am 5. August 1930 in Wapakoneta, Ohio, geborene Neil verfiel schon als Kind der Fliegerei. Mit 15 Jahren nahm er seine ersten Flugstunden, mit 19 Jahren rief ihn die Marine zum Kriegsdienst, ein Jahr später flog er Kampfeinsätze in Korea. Dort war er das jüngste Mitglied der Einheit. Insgesamt absolvierte er 78 Einsätze, wobei er am 3. September 1951 in eine lebensgefährliche Situation geriet. Bei einem Ausweichmanöver wurde die Tragfläche seines Flugzeugs so stark beschädigt, dass er zwar noch fliegen, aber nicht mehr regulär landen konnte. Er kehrte zu seinem Stützpunkt zurück und katapultierte sich dort mit dem Schleudersitz heraus.

Im Frühjahr des Jahres 1952 kehrte Armstrong von seinem Kriegseinsatz in die USA zurück und verließ die Navy. Er setzte sein Studium an der Purdue University fort und erhielt im Januar 1955 den Bachelor in Luftfahrttechnik. Danach kam nur ein Beruf in Frage: Testpilot.

Im Sommer 1955 traf er in der Edwards Air Force Base ein. Dort liefen Testflüge mit dem damals schnellsten Flugzeug der Welt, der X-15. 1962 steuerte er den „schwarzen Pfeil" bei sechsfacher Schallgeschwindigkeit bis in eine Höhe von 63 Kilometern. Von dort aus sah er den gekrümmten Horizont der

Erde und war dem Weltraum nahe. In diesen Tagen rief die NASA dazu auf, sich für das zweite Astronauten-Corps zu bewerben. Das war sein Ziel. Einem Freund sagte er: „Der Weltraum ist die Grenze, und dort will ich hin."

Er bestand das harte Aufnahmeverfahren der NASA und flog 1966 mit Gemini 8 erstmals ins All. Bei dieser Mission gelang ihm zusammen mit David Scott das erste Andockmanöver in der Geschichte der Raumfahrt. Hierbei trat ein Problem auf, das die beiden Astronauten um ein Haar das Leben gekostet hätte. Das Gespann begann plötzlich, sich um die eigene Achse zu drehen. Armstrong koppelte das Gemini-Raumschiff sofort ab. Doch dann nahm die Umdrehungsgeschwindigkeit noch zu. Schließlich wirbelte das Raumschiff einmal pro Sekunde um die Längsachse. Die Astronauten waren kurz davor, das Bewusstsein zu verlieren. Mittlerweile war klar geworden, dass ein Triebwerk an der Gemini-Kapsel die Rotation verursachte. Das Raumschiff drohte zu zerreißen. Mit letzter Mühe gelang es Armstrong, mit dem Bremstriebwerk, das eigentlich die Landephase einleiten sollte, die wilde Rotation zu stoppen. Dadurch hatte er drei Viertel des Treibstoffs verbraucht, sodass beim nächsten Umlauf eine vorgezogene Landung eingeleitet werden musste. Der gesamte Flug war nach nicht einmal elf Stunden beendet.

Das sogenannte fliegende Bettgestell als Vorgänger der Mondlandefähre.

Nervenstärke bewahrte er auch bei einem Testflug mit dem Modell eines Mondlandefahrzeugs. Im Großen und Ganzen handelte es sich um ein Rohrgestänge etwa mit den Ausmaßen der Landefähre. Allerdings erwies sich das „fliegende Bettgestell", wie es die Astronauten nannten, als sehr wacklige Angelegenheit. Armstrong wäre bei einem Training um ein Haar ums Leben gekommen, als das Vehikel in hundert Metern Höhe ins Trudeln geriet und umzukippen drohte. Geistesgegenwärtig betätigte er in letzter Sekunde den Schleudersitz und landete wohlbehalten am Fallschirm. Die Mondlandefähre ließ sich dann wesentlich besser steuern als dieses Ungetüm.

Neil Armstrong als Kommandant der Mission Gemini 8. Zusammen mit David Scott gelang ihm das erste Rendezvous-Manöver in der Erdumlaufbahn.

Schon kurz nach der historischen Mondlandung mit Apollo 11 verkündete Armstrong, dass er nicht wieder in den Weltraum fliegen wolle. 1971 verließ er die NASA und lehrte acht Jahre lang an der Universität von Cincinnati, danach ging er in die Luftfahrtindustrie. 1985 machte er noch einmal von sich reden, als er zusammen mit vier weiteren „Entdeckern", darunter dem Mount-Everest-Bezwinger Edmund Hillary, den Nordpol besuchte.

Armstrong, der sich zuletzt auf seine Farm in Lebanon, Ohio, zurückgezogen hatte, starb am 25. August 2012. Er erhielt eine Reihe von Auszeichnungen, auch ein Mondkrater und ein Planetoid wurden nach ihm benannt. Nach seinem Tod wurde ihm zu Ehren das Dryden Flight Research Center der NASA in Neil A. Armstrong Flight Research Center umbenannt.

Buzz Aldrin – eine Begegnung mit Dr. Rendezvous

Der zweite Mensch auf dem Mond wurde zum Kämpfer für eine Mars-Mission

Ein Treffen mit Buzz Aldrin ist eine Herausforderung. Wie tritt man einer Legende, einem Raumfahrtpionier, einem Mann der ersten Mondlandung entgegen? Was fragt man, das nicht schon tausendmal gefragt wurde? Zumal Aldrin manchen Zeitgenossen als schwierig gilt. Nicht unbedingt einfach mag es einem auch machen, dass Aldrins Sprachduktus teilweise gewöhnungsbedürftig ist. „Er kann einen mit seinem Satzbau im persönlichen Gespräch ganz schön durcheinanderbringen, und es dauert eine Weile, bis man sich darauf eingestellt hat", hatte der Journalist Andrew Smith in seinem Buch *Moonwalker* geschrieben. „Sobald man das alles allerdings gedruckt sieht, erkennt man, dass er eine ganz eigene Sprache hat, die aus winzigen Sätzen ohne Prädikat besteht. In diesen Sätzen drückt er zwar das Wesentliche eines Gedankens aus und spricht die Dinge oft sehr direkt an, sie kreisen aber wie Monde um etwas, das Buzz nicht richtig ausdrücken kann, weshalb das Ganze etwas der Sprechweise eines Kleinkindes oder einem Haiku ähnelt."

Selbst unter den frühen NASA-Raumfahrern, die alles andere als „normale Menschen" waren, stach Aldrin hervor. Er galt als Einzelgänger und sogar Außenseiter. Auch hatte er in seiner ersten Autobiografie *Return To Earth* von 1973 durchaus kritische und unkonventionelle Punkte angesprochen, die ihm einige verübelten. So schrieb er von der amerikanischen Propaganda, die Weltraumrekorde zu Werbezwecken gebrauchten, er erläuterte, dass die „Weltraumspaziergänge" teils lebensgefährlich waren, erwähnte aber auch Weltraum-Groupies, die Blähungen nach den All-Tagsgerichten und das Urinieren im Raumanzug auf dem Mond.

Michael Collins, der bei Apollo 11 das Kommandomodul Columbia steuerte, charakterisierte Aldrin in seiner Autobiografie *Carrying The Fire* von 1974 folgendermaßen: „Er wäre ein meisterhafter Schachspieler; denkt immer mehrere Züge voraus. Wenn du nicht verstanden hast, was er heute erzählt hat, wirst du es morgen oder am Tag darauf verstehen."

Seine Mutter hieß Moon

Edwin Eugene Aldrin, Jr. wurde am 20. Januar 1930 in Montclair, New Jersey, geboren – ein paar Monate nach Beginn der Weltwirtschaftskrise. Später hatte er sich offiziell in Buzz Aldrin umbenannt, wie er immer gerufen wurde. (Den Spitznamen für „buzzer" = „brother" erhielt er gleich nach seiner Geburt von seiner knapp zwei Jahre älteren Schwester Fay Ann.) Seine Mutter hatte den sprechenden Namen Marion Moon.

Aldrin flog 66 Einsätze im Korea-Krieg und hat zwei MiG-15-Kampfflugzeuge abgeschossen. Er promovierte 1963 am Massachusetts Institute of Technology über Rendezvous-Techniken im Orbit, weshalb er auch „Dr. Rendezvous" oder „der Intellektuelle vom MIT" genannt wurde. Wenig später kam er mit einigem Glück als bis dahin Letzter in den Astronautenkader der NASA. Im November 1966 machte er mit Gemini 12 drei „Weltraumspaziergänge", darunter den ersten, der ein Arbeitseinsatz war und nicht nur ein Ausstieg. Aldrin hatte dafür Unterwasser-Trainingstechniken zur Simulation von Schwerelosigkeit entwickelt. Am 21. Juli 1969 um 4:15 Uhr MEZ betrat er den Mond, 20 Minuten nach Neil Armstrong. Insgesamt hielt er sich dort 21 Stunden und 36 Minuten auf, davon zweieinhalb Stunden außerhalb der Landefähre Eagle.

Seit Langem ist Aldrin einer der engagiertesten Fürsprecher für eine bemannte Landung auf dem Mars; er hat 1985 sogar ein eigenes Konzept dafür entwickelt. Außerdem besitzt Aldrin drei Patente: für seine Entwürfe wiederverwendbarer Raketen, modulare Raumstationen und Raumflugmodule für mehrere Teams. Mit Starcraft Boosters, Inc., hat er ein Design-Unternehmen für Raketen gegründet, mit der Share Space Foundation eine Stiftung zur Förderung bezahlbarer Raumflüge für alle und mit Buzz Aldrin Enterprises, LLC eine Firma für seine eigene Vermarktung. Die betrieb er in den letzten beiden Jahrzehnten durchaus professionell – mit gut dotierten Vorträgen, Auftritten und Werbeverträgen.

Mann auf dem Mond: Edwin E. „Buzz" Aldrin nach der Landung mit der Fähre Eagle. In seinem Visier spiegelt sich Neil Armstrong, der das Foto gemacht hat.

Buzz Aldrin (links) und Jim Lovell mit Gemini 12. Die letzte amerikanische Zwei-Mann-Kapsel startete am 11. November 1966, dann folgten die größeren Apollo-Kapseln mit drei Mann Besatzung.

Der Mars ist weit

Am 11. Juli 2014 war Aldrin Ehrengast bei der Eröffnung des Zeiss Forum und Museum im schwäbischen Oberkochen. Dort ist auch ein Replikat der Hasselblad-Mittelformatkamera ausgestellt, mit der er und Neil Armstrong auf dem Mond fotografiert hatten – durch ein von Zeiss gebautes und eigens modifiziertes Objektiv. Nach dem Rundgang nahm Aldrin sich Zeit für ein persönliches Gespräch über Mond und Mars, Vergangenheit und Zukunft der Weltraumfahrt. Ein bisschen wirkte er selbst dazwischen pendelnd und der irdischen Realität enthoben. In seiner Präsenz und seinen Worten erschien er irgendwie räumlich und zeitlich versetzt: fast wie zwischen Mond und Erde verblieben, zwischen 1969 und eine marsianische Zukunft geraten. Darüber hinaus strahlte etwas Spitzbübisches aus seinen wasserblauen Augen, ein Glanz jenseits der persönlichen Schwernisse. Dass er eine Speerspitze der Menschheit ist, einer der letzten Helden, mag da pathetisch klingen; und als zurückgekehrter Pionier fühlt er sich wohl auch fehl am Platz. Doch ein leidenschaftlicher Verfechter der Raumfahrt ist er geblieben. Und aus den zehn Minuten, die für das Gespräch veranschlagt waren, wurde beinahe eine halbe Stunde – Aldrin wollte gar nicht mehr aufhören; selbst nach der Verabschiedung setzte er noch einmal an und begann die nächsten Schritte zu erläutern, die die bemannte Raumfahrt seiner Überzeugung nach nun machen müsse …

„Ich denke, 30 Jahre ist eine gute Zahl", schätzt er den frühsten Zeitraum ab, bis ein menschlicher Fuß einen Abdruck im Sand des Roten Planeten hinterlässt. Doch das ist in erster Linie ein Geldproblem. Tatsächlich gab es schon während des Apollo-Programms Überlegungen, zum Mars zu fliegen. „Die völlig zutreffende Aussage damals war, dass es von der Finanzierung abhängt", sagt Aldrin. „Bereits ab 1969 kümmerte sich eine Arbeitsgruppe darum, bei der US-Vizepräsident Spiro Agnew mitwirkte. Mit geeigneten Mitteln, so schätzte man, könnten Menschen in den 1980er- oder 1990er-Jahren auf dem Mars landen."

Doch dazu kam es nicht. Sogar das Apollo-Programm wurde nach sechs Mondlandungen vorzeitig eingestellt. Ist Aldrin enttäuscht über die Entwicklungen seither? „Wenn man das Gefühl hat, etwas tun zu können, und es geschieht nichts, dann wird man enttäuscht", antwortet er diplomatisch. „Etwas anderes ist es, als distanzierter Beobachter die Gründe zu betrachten – und sie nicht ändern, nur kommentieren zu können."

Aldrins Gedanken schweifen in die Vergangenheit: „Ein Faktor waren all die Leute, die aufgrund des Vietnam-Kriegs gegen das Establishment protestierten – und wir gehörten zum Establishment", sagt er. „Sie waren nicht diejenigen, die die Entscheidungen trafen, aber es war keine glückliche Zeit, keine Zeit des Aufbruchs." Auch dadurch wurde die weitere Entwicklung gebremst.

Und er erzählt, wie er mit Armstrong und Collins, nachdem sie die Quarantäne-Station nach ihrer Landung auf der Erde verlassen hatten, zu Fuß zu einer Universität ging. „Dort warteten Studenten, und sie warfen Eier auf uns." Selbst heute noch steigt in Aldrin bei diesen Erinnerungen Bitterkeit auf. „Das geschah unmittelbar, nachdem wir aus der Quarantäne kamen!" Es war keine schöne Begrüßung der Mondfahrer zurück in der Heimat.

Poeten ins All!

Im Gespräch wird deutlich, dass sich Aldrins Geist immer wieder vom Hier und Jetzt entfernt, dass er gleichsam zwischen Mond und Erde wandert und zwischen Vergangenheit und Zukunft. Hat er überhaupt noch lebendige Erinnerungen an seinen zweieinhalbstündigen Aufenthalt auf dem Erdtrabanten, oder sind sie längst hinter den vielen Erklärungen und Berichten verborgen? „Glücklicherweise werden meine Erinnerungen durch die Fotos angeregt", antwortet er. „Mir hilft das wirklich, anderen hilft es nicht. Wenn ich die damaligen Dialoge höre, wird mein Gedächtnis auch aufgefrischt. Aber die Bilder bringen viel stärkere Erinnerungen hervor, Filme sind dafür gar nicht nötig."

In seiner 2009 erschienenen und 2010 erweiterten Autobiografie *Magnificent Desolation* schreibt der Astronaut: „Die einfachste Frage bleibt am schwierigsten zu beantworten: Wie fühlte es sich an, auf dem Mond zu sein?" Er könne „immer noch nicht mit einer angemessenen Antwort" dienen, räumt er ein, und gibt auf die immergleiche Frage oft einfach zu Protokoll, es sei „matschig" gewesen, denn der Mondstaub verhält sich „wie Talkumpuder". Und Aldrin betont: „Wir hatten keine Zeit für philosophische Grübeleien. Gefühle oder spontane profunde Bemerkungen waren kein Teil meines Trainings. Deshalb wünsche ich seit Jahren, dass die NASA einen Dichter, Musiker oder Journalisten in den Weltraum schickt – jemanden, der die Gefühle und Erlebnisse ausdrücken und mit der Welt teilen kann. Neil und ich waren militärische Typen, die eine Mission zu erfüllen hatten."

Trotzdem wurde seine Bemerkung von der „großartigen Einöde" des Mondes, der „magnificent desolation", zu einem geflügelten Wort – und einem durchaus missverständlichen. „Neil hat wohl kurz davor etwas als ‚magnificent' beschrieben", erläutert Aldrin. „Und dann sagte er: ‚Ist es nicht schön hier?' Das war keine Frage an die Erde, sondern an mich. Und ich dachte, dass es überhaupt nicht schön war. Aber ich nahm spontan das Wort ‚magnificent' auf, denn ich fand, dass es den menschlichen Fortschritt beschreiben kann, das Erreichen eines großen Ziels."

Im Rahmen einer Internet-Fragerunde hat Aldrin dieses Thema 2014 ebenfalls aufgegriffen. „Die Erhabenheit der Menschheit, des Planeten Erde, der entwickelten Technologien, der Vorstellungskraft und des Muts, unsere Fähigkeiten über den nächsten Ozean hinaus zu erweitern, vom Mond zu träumen und mithilfe eigens entwickelter Technik ihn dann auch zu erreichen – dies zu schaffen, ist erhaben. Aber es gibt keinen irdischen Ort so öde wie die Oberfläche des Mondes, wie ich sie in jenen ersten Momenten sah", meinte er. Armstrongs Statement zum großen Sprung der Menschheit und seine eigene Beschreibung hätten ausgedrückt, was Menschen tun können und was wir über die Erde wissen, fasst Aldrin zusammen. Und beim Blick auf diese Erde vom Mond fragte er sich: „Wo sind diese Milliarden Leute? Nur wir drei sind nicht dort."

Im Gespräch verweist Aldrin auch auf die Inschrift einer Plakette an der Ausstiegsleiter der Mondfähre Eagle: „Wir kommen in Frieden für alle Menschen", ist darin eingeprägt („Here men from the planet earth first set foot upon the moon", heißt es wörtlich in Versalien, "we came in peace for all mankind"). „Ich den-

Übung im Wassertank – eine von Aldrin vorgeschlagene Methode, sich auf die Schwerelosigkeit vorzubereiten. Hier trainiert er 1966 für den Flug von Gemini 12 in einem Schwimmbecken in Randallstown, Maryland.

Ausstieg ins All: Aldrin beim Einholen eines Mikrometeoriten-Detektors während des Flugs von Gemini 12. Während der Mission stieg er dreimal ins All aus – zusammen fünfeinhalb Stunden.

„Magnificent Desolation“: Eines der wenigen Mondfotos von Apollo 11 ohne Mensch und Maschinen.

ke, das fasst zu einem gewissen Grad zusammen, was wir im All anstrebten. Nun gingen wir auf dem Mond umher, und das war ein großartiges Zeugnis. Aber was ich um uns herum sah, das hatte sich in Hunderttausenden von Jahren kaum verändert. Hier und da ist etwas Staub hinzugekommen. Wenn die Sonne über den Horizont steigt, wird es heiß, heiß, heiß, und sonst ist es kalt, kalt, kalt. Eine lebensfeindliche Wüste!“

Der nächste Entwicklungsschritt

Aldrins Vorstellungen für die weitere Exploration jenseits des erdnahen Weltraums sind sehr dezidiert. „Wenn wir wieder zum Mond aufbrächen, wären wir nicht mehr die Ersten. Wieso sollte man mit jemandem von damals konkurrieren? Zum Mond sollten Roboter fliegen. Amerika sollte sich zunächst einem Planetoiden widmen, einen Roboter dort landen, dann Astronauten.“ Und danach das wichtigste Ziel anvisieren: den Mars. Für Aldrin ist es an der Zeit, gleichsam den nächsten Entwicklungsschritt des menschlichen Geistes einzuleiten (wörtlich sagt er: „I think we are ready to go to uplift the spirits of the world“). „Denn Menschen haben schon immer die Umgebung erkundet – um zu sehen, was auf der anderen Seite des Ozeans liegt, was sich hinter dem Gipfel des Berges befindet, was das Ding am Himmel ist, das Mond heißt. Können wir dorthin gelangen? Ja, wir taten es!“

Aldrin ist ungeduldig: „Wir können herumsitzen und Löcher in die Luft starren, und die Chinesen fliegen zum Mars ... und die Russen ... und vielleicht sogar die Italiener ... und wir hocken bloß da und warten.“ Aldrin stützt theatralisch den Kopf in die Hände und schaut auf die Tischplatte. Dann blickt er auf, und seine Augen blitzen: „Es gibt den Wettbewerb, und es geht darum, wer die beste Idee hat. Die Ideen sollen konkurrieren, und das beste Produktionsdesign. Danach ist die Entscheidung zum Aufbruch nötig.“ Die nächste Frage stellt er gleich selbst: „Soll jeder in eigener Regie fliegen? Ich denke nicht, dass das funktioniert. Jemand muss die Aktion leiten. Viele wollen es allein machen. Aber die Geschichte zeigt, dass es nicht jeder kann.“ Ob es jetzt mehr um Kooperation als um Wettbewerb gehe? „Ja – aber welche Kooperation, und welcher Wettbewerb?“ Aldrin zögert. „Man sollte keine Ideen stören, wenn jemand welche hat, sondern die Ideen miteinander konkurrieren lassen. Und dann kooperieren bei der Verwirklichung der besten Idee.“

Auch bei der Frage, wie es mit dem Mond weitergehen soll, hat Aldrin eine klare Meinung. „Man muss die Situation nehmen, wie sie ist. Es gibt nur eine begrenzte Menge an Ressourcen. Nach meiner Überzeugung sollten wir sie nicht dafür einsetzen, etwas zu tun, das wir bereits getan haben. Das dupliziert die Dinge nur. Wir haben bereits viele Informationen über den Mond. Die Roboter sind viel besser geworden, die Menschen nicht." Aldrin zufolge sollte die weitere lunare Erkundung daher unbemannt erfolgen, mit Sonden und Rovern. Das hatten bereits in den 1970er-Jahren zwei sowjetische Lunochod-Fahrzeuge vorgeführt. Sie brachten sogar einige Hundert Gramm Mondgestein zur Erde.

Reise ohne Rückkehr

Menschen jedoch sollten endlich zum Nachbarplaneten Mars fliegen. Und zwar am besten ohne Rückfahrschein. Sie sollten dort dauerhaft siedeln – eine „Permanenz" errichten, wie Aldrin sich ausdrückt. „Man sollte die Leute nicht zurückholen. Sie sind Pioniere!" Dass dies ethisch problematisch wäre, sieht Aldrin schon, doch was würden die Rückkehrer auf der Erde tun? Bücher schreiben, Reden halten, Interviews geben? Vielleicht klingt hier Aldrins eigene Biografie durch.

Auch technisch hat Aldrin seine eigenen Vorstellungen: „Ich habe 1985 einen Weg entdeckt, den ich für gut halte. Wir könnten die Erde verlassen, zum Mars reisen, zurückkehren und es aufs Neue tun. Jedes Mal wären nur Rendezvous-Manöver nötig. Das ist meine Expertise – der Gegenstand meiner Doktorarbeit am MIT." Aus Umlaufbahnen Astronauten mit Landefähren abzusetzen, sei nicht so einfach wie eine direkte Mars-Landung, aber man könne das Transportsystem vielfach verwenden und bräuchte nur neue Fähren. „Es funktioniert alle 26 Monate, dann stehen Erde und Mars günstig zueinander. Mit einer Doppelmission wären es 52 Monate – und das wäre noch viel besser, weil die Geschwindigkeiten bei den Kopplungsmanövern dann geringer sind." Aldrin ist von der prinzipiellen Machbarkeit seiner ihm zu Ehren als Aldrin Cycler benannten Trajektorie überzeugt; er gibt aber zu, dass dies für die NASA Neuland sei.

Doch wie realistisch sind solche Visionen überhaupt? „Es geht alles frustrierend langsam", räumt Aldrin ein. „Mit 0,5 bis 1 Prozent des US-Haushalts wird eine Mars-Landung nicht funktionieren. Zum Mond waren 3,5 bis 4 Prozent nötig – nur zum Mond. Es scheint seltsam zu sein, wenn ich sage ‚nur zum Mond'. Aber ich fühle wirklich so." Er lacht: „Das war ein kleiner Schritt für einen Menschen – und wir werden in der Zukunft viele große Sprünge machen."

Aldrin einige Sekunden schwerelos während eines Parabelflugs mit einem Jet KC-135 der Air Force: Das Training diente der Vorbereitung seines Weltraumausstiegs von Gemini 12.

Aldrin wurde ein leidenschaftlicher Verfechter einer bemannten Mission zum Mars. Er ist überzeugt: Sie wird noch vor 2050 stattfinden. Das Foto mit dem T-Shirt „Destination Mars" entstand 2015 in New York.

Blitzschlag und Präzisionslandung

Apollo 12: Turbulenter Start – problemlose Mission

Besuch im Meer der Stürme: Charles Conrad inspiziert die Bordkamera der Sonde Surveyor 3.

Gewissermaßen war die Apollo-12-Mission ein Backup für Apollo 11. Sollte der erste Versuch der bemannten Landung scheitern, hätte die Crew von Apollo 12 noch einmal einen Versuch unternommen. Als Kommandant war Charles „Pete" Conrad nominiert, der mit Gemini 5 und Gemini 11 bereits zwei Raumflüge absolviert hatte. Er hatte dabei vor allem Erfahrungen bei Andockmanövern zweier Raumschiffe gesammelt. Pilot der Kommandokapsel Yankee Clipper wurde Richard Gordon, der mit Gemini 11 bereits mit Conrad geflogen war. Als Pilot der Mondfähre Intrepid („furchtlos") sollte Alan Bean fungieren, für ihn war es der erste Einsatz im All.

Am 8. September 1969 wurde die Saturn-Rakete zur Startrampe 39A gerollt. Zwei Tage vor dem geplanten Start entdeckten die Ingenieure ein Leck im Tank des Kommandomoduls. Der Tank musste ausgebaut und durch ein Exemplar aus dem Modul der Folgemission Apollo 13 ersetzt werden, was den Start verzögerte. Schließlich, am 14. November, erfolgte die Freigabe. Doch nun spielte das Wetter nicht mit, denn es gewitterte über dem Startplatz. Trotzdem setzt die

Das Team der Mission Apollo 12: Commander Charles Conrad (links), Richard Gorden, Pilot der Raumkapsel, und Alan Bean, Pilot der Mondlandefähre.

Mission Control den Countdown fort. Aus der Luftfahrt war ja bekannt, dass Flugzeuge durch Blitzeinschläge meist kaum beeinträchtigt werden.

Weltraumraketen sind aber verletzlicher als Flugzeuge, das lernen die NASA-Experten an diesem Tag. Der erste Blitz trifft die Rakete 35,5 Sekunden nach dem Liftoff. Eine Rolle spielt wohl dabei, dass sie durch ihren elektrisch leitfähigen Abgasstrahl faktisch geerdet war. Zwar bleibt die Saturn V auf Kurs, doch die elektrischen Systeme in der Kommandokapsel sind überlastet. Die Folge: Die Brennstoffzellen der Kapsel schalten sich automatisch ab. Nun sind die Astronauten auf den Strom der Hilfsbatterien angewiesen – bei voller Leistung reichen diese nur für zwei Stunden. Kaum 20 Sekunden später dann ein zweiter Blitzschlag! Er setzt das Lagekontrollsystem des Yankee Clippers außer Betrieb. Die Situation ist nun überaus brenzlig: Ohne volle Stromversorgung und ohne Lagekontrolle wäre eine Rückkehr zur Erde, geschweige ein Flug zum Mond kaum möglich. Flugdirektor Griffin erwägt bereits den Abbruch des Starts. In diesem Fall wäre die Kommandokapsel von der Rakete abgesprengt und mit der zehn Meter langen Rettungsrakete, die an der Spitze der Kapsel befestigt ist, in eine sichere Distanz katapultiert worden. Die dann führerlose Saturn-Rakete wäre explodiert.

Im Kontrollzentrum behält der damals 26-jährige Flugingenieur John Aaron die Nerven. Er ist unter anderem für die elektrischen Systeme des Raumschiffs zuständig. Und er weiß auch, was in der konfusen Situation hilft: Der Signalwandler, im Jargon SCE genannt, muss umgeschaltet werden. In der Kapsel erinnert sich nur Alan Bean an einen identischen Fall während einer Simulation, bei dem genau diese Operation durchgeführt wurde. Bean drückt den Schalter und sorgt so für ein Reset des SCE; die Situation normalisiert sich, Aaron und Bean haben die Mission gerettet.

Früher als geplant stiegen Conrad und Bean durch den Kopplungstunnel in die Intrepid um. Sie konnten dort keinerlei Schäden durch die Blitzschläge feststellen. Nach dem turbulenten Start verlief alles weitere ziemlich glatt. Als Landeplatz war ein äquatornaher Ort im Oceanus Procellarum ausgewählt worden, rund 1600 Kilometer entfernt von der Landestelle von Apollo 11. Die Landung gelang präzise, am 19. November berührte die Mondfähre die Oberfläche, nur 170 Meter entfernt von der Stelle, wo im April 1967 die Sonde Surveyor 3 weich gelandet war. Conrads erste Worte auf dem Mond waren offenbar nicht als Stoff für die Geschichtsbücher gedacht, übersetzt lauteten sie: „Hoppsa! Mensch, das war vielleicht ein kleiner für Neil, aber für mich ist das ein großer." Da-

Turbulenter Start: 35 Sekunden nach dem Start trifft ein Blitz die Rakete, wenig später ein zweiter. Doch Flugingenieur John Aaron (Bild oben) behält die Nerven – und gibt die richtigen Anweisungen. Die Mission ist gerettet.

mit spielte er auf seine zu Armstrong kleinere Statur an. Außerdem wollte er wohl belegen, dass die NASA keine Vorschriften machte, was die Astronauten beim Betreten des Mondes sagen sollten.

Treffen mit dem Surveyor

Conrad und Bean setzten die US-Flagge und platzierten das erstmals mitgeführte Experiment-Modul ALSEP (Apollo Lunar Surface Experimental Package) etwa 200 Meter entfernt von der Landefähre. Das zugehörige Seismometer war so empfindlich, dass es sogar die geringen Erschütterungen durch die Schritte der Mondspaziergänger registrierte und umgehend zur Erde funkte. Zu den ALSEP-Instrumenten gehörten darüber hinaus ein Magnetometer, ein Spektrometer und ein Kollektor für die Partikel des Sonnenwinds. Hinzu kam das schon bei Apollo 11 mitgeführte Sonnenwindsegel, das scherzhaft „Schweizer Fahne" genannte Experiment der Universität Bern. Dort wurde es nach der Rückkehr zur Erde chemisch untersucht. Der erste Landgang der Apollo-12-Crew dauerte drei Stunden und 56 Minuten.

Nach einer Ruhepause in der Landefähre begaben sich die Astronauten erneut auf eine Erkundung ins Gelände, die sie an verschiedenen kleinen Kratern vorbeiführte. Schließlich stiegen sie auch in den Surveyor-Krater, wo sie die Bordkamera der Sonde abmontierten. Die NASA-Ingenieure wollten nämlich wissen, wie die Elektronik solcher Bauteile sich unter den Bedingungen im Weltall verändert. Die Kamera wurde für den Rückflug in der Landefähre verstaut, die zweite Exkursion war nach drei Stunden und 49 Minuten zu Ende. Conrad und Bean starteten die Aufstiegsstufe der Fähre und ließen das Triebwerk über sieben Minuten lang laufen. Ihr Aufenthalt auf dem Mond hatte 31 Stunden und 31 Minuten gedauert. Neben ausgedienter Ausrüstung ließen sie versehentlich auch mehrere Magazine mit belichteten Filmen zurück, darunter alle Farbaufnahmen der zweiten Geländeexkursion.

Mehrere Kurskorrekturen waren notwendig, bis Intrepid an Yankee Clipper ankoppeln konnte. Nach dem Umsteigen wurde die Mondfähre abgetrennt und gezielt zum Absturz gebracht. Sie schlug mit etwa 1,5 Ki-

Astronaut Alan Bean entlädt nach der Landung aus der Mondlandefähre Geräte für wissenschaftliche Untersuchungen.

Der Fotograf spiegelt sich im Helmvisier: Charles Conrad machte dieses Foto von seinem Kollegen Alan Bean während einer Pause beim Aufbau von Experimenten.

lometern pro Sekunde auf, rund 72 Kilometer entfernt von der Landestelle. Die Messdaten der dadurch ausgelösten Erschütterung wurden direkt zur Erde gefunkt. Apollo 12 blieb noch einen vollen Tag im Mondorbit, um Fotos von der Mondoberfläche zu schießen.

Am 24. November wasserte die Kommandokapsel – zehn Tage und viereinhalb Stunden nach dem Start waren die Mondfahrer wieder auf der Erde. Der Aufprall war relativ hart, Bean wurde von einer herabfallenden Kamera leicht verletzt. Die biologischen Vorsichtsmaßnahmen entsprachen denen von Apollo 11: Die Astronauten wurden in einen Quarantäne-Container an Bord des Flugzeugträgers USS Hornet gebracht, nach 16 Tagen wurden sie aus der Quarantäne entlassen.

Sicher gewassert: Ein Navy-Schwimmer assistiert Alan Bean beim Verlassen der Kapsel von Apollo 12; seine Kollegen sitzen schon im Schlauchboot.

„Houston, wir haben ein Problem!“

Apollo 13: Ein Sauerstofftank explodiert – drei Astronauten kämpfen ums Überleben

Die Astronauten behelfen sich mit Bordmitteln, um der Katastrophe zu entgehen: Hier basteln sie einen Adapter, um den Kohlendioxid-Filter der Kommandokapsel für die Mondlandefähre nutzbar zu machen.

Am 11. April 1971 startete Apollo 13 mit der Saturn-Rakete zum Mond, die Mission wurde von James Lowell kommandiert. Für Lovell war es der zweite Mondflug, bereits zu Weihnachten 1968 hatte er mit Apollo 8 zehnmal den Mond umkreist. Davor sammelte er bei zwei Gemini-Flügen Erfahrungen im Erdorbit. Wenige Tage vor dem Start hatte die NASA krankheitsbedingt noch Umbesetzungen vorgenommen, als Pilot der Kommandokapsel Odyssey fungierte nun John Swigert. Fred Haise sollte die Landefähre namens Aquarius steuern. Haise und Swigert waren neu im All.

Bis dato war das Apollo-Programm überwiegend eine Erfolgsstory. Zumindest wenn man von dem schweren Unfall Anfang 1967 absieht, als bei einem Bodentest drei Astronauten in ihrer Kapsel verbrannten; erst nachträglich erhielt dieser Test den Namen „Apollo 1“. In der Folge bereiteten sieben weitere Missionen die Mondlandung vor, bis schließlich mit Apollo 11 die ersten Menschen auf dem Mond standen. Und noch im selben Jahr gelang auch der Flug von Apollo 12 – sogar mit einer Präzisionslandung. Als Nächstes sollte die Aquarius im Fra-Mauro-Hochland aufsetzen, dort waren geologische Studien geplant. Doch Lovell und Haise sind dort nie angekommen.

Knapp 56 Stunden nach dem Start, etwa 322 000 Kilometer von der Erde entfernt, ist die Serie von Erfolgen fürs Erste vorbei: „Wir hatten hier einen ziemlich lauten Knall“, funkt Haise besorgt zur Bodenkontrolle. Der Blick aus dem Fenster kann ihn nicht beruhigen, Trümmerstücke und gefrorener Sauerstoff schwirren wie Popcorn um das Raumschiff. Später wird klar: Im Servicemodul ist einer der beiden Sauerstofftanks explodiert. Die Leitungen des anderen Tanks sind beschädigt, sein Inhalt entweicht. Von den drei Brennstoffzellen, die mit dem Sauerstoff Strom und Wasser erzeugen, bleibt nur eine in Funktion. Die Mission, so viel steht fest, muss abgebrochen werden.

Wie soll es jedoch weitergehen? Die Astronauten wagen nicht, das Haupttriebwerk zu zünden, denn es könnte beschädigt sein und explodieren. An seiner

Hilfe für das Team im All: Experten im Kontrollzentrum erarbeiten eine Vorlage zum Umbau des Adapters, die an die Crew gefunkt wird.

Stelle benutzen sie die Düsen der Landefähre, um ihr Raumschiff in eine andere Bahn als vorgesehen zu steuern – eine sogenannte freie Rückkehrbahn, sie ist geformt wie eine „8“. So soll der Mond halb umrundet und dann ein Kurs zurück Richtung Erde eingeschlagen werden. Die Bahnkorrektur gelingt. Zwei Stunden nach der Mondpassage wird der Antrieb erneut für viereinhalb Minuten gezündet, um die Rückkehr zu beschleunigen.

Fotografiert aus der Landefähre, zeigt das Bild die große Verwüstung, die die Explosion des Sauerstofftanks Nummer zwei am Raumschiff Apollo 13 angerichtet hat.

Schon vor dem Manöver am Mond war der Crew klar: In der defekten Odyssey-Kapsel kann sie nicht überleben. Es bleibt nur, die Landefähre als Rettungsboot zu benutzen. Doch deren Systeme sind lediglich für zwei Astronauten und nur für die begrenzte Zeit der Mondlandung ausgelegt – nicht für drei Männer und den mehrtägigen Rückflug zur Erde. Deshalb werden alle Bordgeräte, die irgendwie verzichtbar sind, abgeschaltet, auch die Navigation und der Bordcomputer. Weil die Abwärme der Geräte normalerweise bei der Beheizung der Fähre hilft, sinkt die Temperatur nun bis nahe an den Gefrierpunkt. Auch das System zur Luftreinigung ist überfordert. Mit Bordmitteln – Plastiktüten, Flugplänen und viel Klebeband – basteln die Raumfahrer einen Adapter, mit dem die Kohlendioxid-Filter aus der Odyssey sich auch in der Aquarius betreiben lassen.

Trotzdem wird die Zeit knapp. Kurz vor Erreichen der Erde müssen alle drei in die Kapsel der Odyssey umsteigen, nur sie kann den heißen Ritt durch die Erdatmosphäre überstehen. Die Mondfähre, die für die Rettung so gute Dienste geleistet hat, verglüht in der Lufthülle.

Um die Mittagszeit am 17. April halten im Kontrollzentrum alle den Atem an. Während des Eintritts in die Atmosphäre herrscht immer Funkstille, ein solcher Blackout hat noch nie länger als drei Minuten gedauert. Diesmal währt er viel länger. Schon fürchten sie in Houston, die Besatzung sei verloren, womöglich weil der Hitzeschild bei der Explosion beschädigt worden sei.

Doch nach vier Minuten und 27 Sekunden melden sich die Astronauten per Funk. Sie sind in einem flacheren Winkel in die Atmosphäre eingetaucht, deshalb war ihr Weg durch die Lufthülle länger. Die Kapsel wassert sicher im Indischen Ozean. Die USS Iwo Jima leitet die Bergungsoperation und nimmt die Astronauten auf – sie sind ausgelaugt und verfroren. Haise leidet zudem an einem Harnwegsinfekt, ausgelöst durch zu wenig Trinkwasser. Ansonsten sind alle drei jedoch glücklich einer lebensgefährlichen Situation entkommen, später bezeichnet die NASA die Mission als „erfolgreichen Fehlschlag".

Keiner der Männer von Apollo 13 hat je wieder einen Raumflug unternommen.

Ausgelaugt, verfroren, aber glücklich: Die drei Astronauten der Apollo-13-Mission nach ihrer Bergung aus dem Indischen Ozean durch einen Hubschrauber.

Hammer und eine Probentüte geben einen Eindruck von den Größenverhältnissen der Gesteinsbrocken, die die Astronauten auf ihrer Mission Apollo 14 untersuchen.

Von der Schwäbischen Alb zum Mond

Apollo 14: Astronauten verirren sich in der Mondsahara

Im August 1970 trafen vier Männer aus Texas am Flughafen Stuttgart ein. Die kleine Gruppe war auf dem Weg nach Nördlingen. Dort hatte vor Urzeiten ein Meteorit einen über 20 Kilometer großen Krater in die Schwäbisch-Fränkische Alb geschlagen, das Nördlinger Ries. Nun sollten die US-Astronauten, von Hause aus Testpiloten, drei Tage lang in Nördlingen etwas über die typischen Gesteine von Einschlagkratern lernen. Denn für 1971 hatten zumindest zwei von ihnen eine viel weitere Reise geplant: Sie sollen als Teil der Crew von Apollo 14 Meteoritenkrater auf dem Mond erkunden; die beiden anderen Raumfahrer fungierten als Ersatzmänner der geplanten Mission.

Erster Flug nach dem Unfall von Apollo 13

Shepard war 1961 der erste US-Bürger im All gewesen, auch wenn sein damaliger Flug mit Mercury-Redstone 3 kaum eine Viertelstunde gedauert und ihn nicht bis in den Erdorbit geführt hatte; das schaffte nämlich erst John Glenn im folgenden Jahr. Eine Erkrankung des Innenohres hatte Shepard danach lange an weiteren Raumflügen gehindert, erst nach einer Operation 1969 konnte er schließlich wieder aktiv werden. Ursprünglich hatte er die Crew von Apollo 13 anführen sollen, dann wurde allerdings entschieden, ihn erst später fliegen zu lassen, um ihm mehr Zeit zum Training einzuräumen.

Als die Apollo-14-Crew zum Mond startete, war ihr Kommandant Shepard mit 47 Jahren vergleichsweise alt. Edgar Mitchell, damals 40, hatte ebenfalls im Ries geübt, und sollte nun als Pilot der Mondlandefähre fungieren. Der Jüngste an Bord war Stuart Roosa (37), er steuerte die Kommandokapsel. Für beide war es der erste Raumflug. Als die Saturn V am 31. Januar 1971 abhob, betrug die gesamte Weltraumerfahrung ihrer Insassen nur 15 Minuten und 23 Sekunden – angesammelt auf dem kurzen suborbitalen Flug Shepards fast zehn Jahre zuvor.

Die Kommandokapsel hatte man Kitty Hawk getauft, benannt nach dem Ort, wo den Gebrüdern Wright der erste Motorflug gelungen war. Die Landefähre hieß Antares nach dem Stern im Sternbild Skorpion. Wegen des Unfalls an Bord von Apollo 13 hatten die Ingenieure mehrere Änderungen am Servicemodul vorgenommen. Dies betraf beispielsweise die Stromversorgung und die Sauerstofftanks. Als Zielgebiet der Antares fungierte das äquatornahe Fra-Mauro-Hochland. Den Erkenntnissen der Forscher zufolge war es einst beim Einschlag des Imbrium-Beckens durch ausgeworfenes Trümmergestein entstanden. Eigentlich hatte bereits Apollo 13 dort landen sollen, doch wegen der abgebrochenen Mission waren die Hügel von Fra Mauro immer noch unerforscht.

Am Starttag herrschte sehr schlechtes Wetter. Kurz vor dem geplanten Liftoff wurde der Countdown unterbrochen, um eine Gewitterfront vorüberziehen zu lassen. Denn elf Monate zuvor war die Saturn-Rakete von Apollo 12 beim Start vom Blitz getroffen worden, was zum zwischenzeitlichen Ausfall mehrerer Systeme geführt hatte. Das Risiko wollte man nicht nochmals eingehen.

Nach einem problemlosen Start steuerte Apollo 14 dann wie gewohnt eine Erdumlaufbahn an, bevor die dritte Stufe der Saturn-Rakete ein zweites Mal zündete, und das Raumschiff auf einen Mondkurs schoss. Schwierigkeiten bereitete das Manöver, mit dem die Kitty Hawk an die Landefähre gesteuert und angedockt werden sollte. 100 Minuten lang versuchte Roosa dies vergeblich, erst als die Bodenkontrolle den Einsatz der Düsen der Kitty Hawk zur Unterstützung des Andrucks freigab, gelang die Kopplung. Weitere Probleme mit dem System traten dann nicht mehr auf.

Im Mondorbit angekommen, gingen die Probleme weiter. Denn nach der Abkopplung der Antares erhielt ihr Bordcomputer fehlerhafte Signale. Hätte sich dies nach Einschalten des Landetriebwerks wiederholt, so hätte der Computer den Landevorgang wohl automatisch abgebrochen. Dann wäre es zu einer Abtrennung der Aufstiegsstufe von der vierbeinigen Landeeinheit gekommen, und die Astronauten wären unverrichteter Dinge zur Kommandokapsel zurückgeflogen. Doch die Experten in Houston hatten eine Idee: Durch eine Neuprogrammierung des Antares-Computers sollten die falschen Signale ignoriert werden. Der neue Code wurde zur Antares gefunkt, und Mitchell konnte die Änderungen eintippen. Die Zündung des Triebwerks bekam so gerade noch rechtzeitig ihr „Go". Ein weiteres Problem, diesmal mit dem Landeradar, mussten die beiden Astronauten ebenfalls lösen, bevor sie die

Astronautentraining im Nördlinger Ries: Edgar Mitchell und Alan Shepard mit Wissenschaftlern bei der Bestimmung von Gesteinsproben.

Die Mondlandefähre Antares im Sonnenlicht. Das Foto entstand beim ersten Mondspaziergang.

Mobile Werkbank auf dem Mond: Alan Shepard montiert ein Rohr zur Entnahme von Gesteinsproben.

Mondoberfläche schließlich in Augenschein nehmen konnten: „Hier sieht es etwas wild aus", funkte Shepard. Die Farbeindrücke der lunaren Landschaft stellten sich erwartungsgemäß unauffällig dar: „Mausbraun bis mausgrau" meldeten die Astronauten zur Erde.

Hängematten auf dem Mond

Nun wartete ein umfangreiches Programm, bei dem das wissenschaftliche Gerät an der Landestelle aufgestellt werden musste. Der erste Außeneinsatz dazu dauerte rund fünf Stunden, bei dem die Mondfahrer die automatischen Experimente stationierten. Neben den verbesserten ALSEP-Instrumenten hatte die Mannschaft eine ganze Reihe kleinerer Messgeräte im Gepäck. Dazu gehörte auch ein Experiment, bei dem kleine Sprengladungen in die Mondoberfläche geschossen und die Erschütterungen im Boden gemessen wurden. Die „Schweizer Fahne" nahm 21 Stunden lang die Partikel des Sonnenwindes auf. Nach dem Außeneinsatz verbrachten Shepard und Mitchell eine Pause in der Landefähre, erstmals in Hängematten – eine deutliche Verbesserung des Schlafkomforts.

Der zweite Ausflug ins Gelände am nächsten Tag hatte zum Ziel, am oberen Rand des Cone-Kraters Gesteinsproben zu nehmen. Dieser hat einen Durchmesser von 300 Metern bei einer Tiefe von 40 Metern. Die beiden verfehlten jedoch den Kraterrand um etwa 30 Meter, wie Fotos der Kamera der US-Sonde Lunar Reconnaissance Orbiter aus dem Jahr 2009 belegen. Das lag auch an dem erstmals mitgeführten „Modular Equipment Transporter" (MET), ein Handwagen ohne Eigenantrieb. Er musste von den Astronauten durch den Mondstaub gezogen werden, was viel anstrengender war als erwartet und mehr Zeit und Atemluft kostete als gedacht. Zudem kamen die beiden Astronauten etwas von ihrer Route ab. „Dort ist es ebenso schwierig seinen Weg zu finden wie in der Sahara", erinnerte sich Shepard kurz danach. In den vier Stunden und 23 Minuten legten die Astronauten eine Strecke von rund drei Kilometern zurück.

Am Ende des zweiten Geländeausflugs wurde Shepard zum ersten Golfspieler auf dem Mond. Er schlug zwei Golfbälle mittels eines Schlägers, den er aus dem Stiel eines Probenwerkzeugs und einem mitgebrachten Eisenkopf improvisierte. Seinen Abschlag kommentierte er mit den Worten „Miles and miles and miles" – wohl ein Scherz. Denn wegen der eingeschränkten Beweglichkeit durch seinen Raumanzug konnte er den Schläger nicht beidhändig halten, sondern musste den Schlag nur mit rechts ausführen. Tatsächlich erzielte er nur eine mäßige Distanz, nämlich weniger als 100 Meter.

Golf statt Wissenschaft

Der Rückflug ging problemlos vonstatten. Am 9. Februar 1971 nachmittags wasserte Apollo 14 schließlich im Pazifik, nur sieben Kilometer vom Schiff der US-Marine USS New Orleans entfernt. Die Landekapsel erreichte so die genaueste Landung aller Apollo-Missionen. Wie bei Apollo 11 und 12 mussten auch Shepard, Roosa und Mitchell nach der Landung Schutzanzüge anlegen und sich 16 Tage lang der Quarantäne unterziehen. Wie bei den beiden vorherigen Mondlandungen wurden jedoch keinerlei Anzeichen von Mondviren oder sonstigen Gefährdungen entdeckt, sodass bei den späteren Flügen auf diese Maßnahme verzichtet wurde.

Im Rückblick betrachteten Wissenschaftler die Apollo-14-Mission eher skeptisch. Zwar lieferten die Messinstrumente an der Landestelle reichlich Daten. Beispielsweise registrierte das Seismometer Mondbeben vorwiegend dann, wenn der Mond sich am erdnächsten Punkt seiner Bahn befand – ein offenbar irdischer Einfluss. Und aus den fast 43 Kilogramm Mondgestein konnten die Planetengeologen das Alter des Einschlages im Mare Imbrium in die Frühzeit des Mondes datieren, vor knapp vier Milliarden Jahren. Trotzdem wurden die mangelnde Orientierung der Astronauten im Gelände und das Verfehlen des Randes des Cone-Kraters kritisch gesehen.

Alan Shepard, fotografiert von Edgar Mitchell aus dem Fenster der Landefähre. Der Astronaut schützt sich mit der rechten Hand vor der gleißenden Sonne.

Blick von oben auf den Handwagen, der sich für die Crew als unhandlich erwies. Daneben liegt die Kamera.

Der wissenschaftliche Durchbruch

Apollo 15: Mit dem Mondauto auf geologischer Mission

Nach einigen Umstrukturierungen im Mondprogramm war klar, dass Apollo 15 die erste Mission mit erweitertem wissenschaftlichen Profil sein würde – ebenso wie Apollo 16 und 17. Die Landefähre war dafür verbessert worden und erlaubte nun einen längeren Aufenthalt auf der Oberfläche. Außerdem kam erstmals das Lunar Roving Vehicle, das Mondauto, zu Einsatz. Es fand zusammengeklappt an der Außenseite der Landefähre Falcon („Falke") Platz. Auch die Lebenserhaltungssysteme der Raumanzüge waren nun besser, sodass sich die Astronauten länger im Vakuum aufhalten konnten. Zudem waren die Astronauten in den neuen Anzügen nun auch beweglicher.

Im Frühjahr 1970 gab die NASA die Besatzung der Mission von Apollo 15 bekannt, Kommandant sollte demnach David Scott sein. Er hatte Ende der 1950er-Jahre vier Jahre in den Niederlanden als Kampfpilot gedient und dann, zurück in die USA, am renommierten Massachusetts Institut of Technology Luft- und Raumfahrttechnik studiert. Bereits im Folgejahr, im Oktober 1963, trat er in den Dienst der NASA ein, später arbeitete er dort als Experte für Missionsplanung und Navigation.

Sein erster Raumflug, zusammen mit Neil Armstrong, fand im März 1966 an Bord von Gemini 8 statt. Erstmals gelang den beiden ein Kopplungsmanöver

Mit dem Auto auf dem Mond: Die Besatzung von Apollo 15 genoss einen bei früheren Mondflügen nicht gekannten Luxus der Fortbewegung.

mit einem anderen Raumschiff – eine Fähigkeit, die unerlässlich für die später geplanten Mondflüge war. Scott war auch dabei, als drei Jahre später bei Apollo 9 die Mondfähre bei Kopplungsmanövern mit der Kommandokapsel getestet wurde; das geschah allerdings im Erdorbit. Mit Apollo 15 sollte es für ihn nun endlich zum Mond gehen, es war Scotts erstes Kommando im Weltall. Die Auswahl als Pilot der Kommandokapsel fiel auf Alfred Worden, und für die Mondlandefähre wurde James Irwin nominiert – beide Neulinge im Weltraum.

Das Apollo-Raumschiff, mit dem der Mond umkreist werden sollte, war ebenfalls um eine wissenschaftliche Ausrüstung und Kameras erweitert worden, es wurde Endeavour getauft, nach dem Schiff, des Entdeckers James Cook. Verglichen mit den früheren Flügen war die geologische Ausbildung der Astronauten deutlich intensiver. 14 Monate lang hatten sie immer wieder auf Exkursionen praktische geologische Feldarbeit geübt. Am 11. Mai 1971 wurde die Saturn-Rakete zur Startrampe gerollt, am 26. Juli hob sie schließlich ab. Nach 12 Minuten erreichte sie die Erdumlaufbahn und nach zwei Erdumkreisungen wurde die dritte Stufe erneut gezündet: Apollo 15 war auf den Weg zum Mond.

Astronaut David Scott filmt mit einer 70-Millimeter-Kamera am Hang des Mons Hadley – etwa 17 Kilometer entfernt von den Apennine-Mountains im Hintergrund.

Zwischen Schlucht und Berg

Die Landung sollte diesmal möglichst weit nördlich stattfinden, als Zielgebiet war eine Ebene am Ostrand des Mare Imbrium ausgewählt worden, etwa auf 26 Grad lunarer Breite, die an drei Seiten von hohen Gebirgen eingerahmt war. Die vierte Seite wurde durch die Hadley-Rille begrenzt, ein gewundenes, teils über einen Kilometer breites Tal. Solche Strukturen kennt man auch von anderen Stellen auf dem Mond. Sie können wohl kaum durch fließendes Wasser entstanden sein, aber durch flüssige Lava? Die Astronauten sollten der geheimnisvollen Rille einen Besuch abstatten.

Trotz des bergigen Terrains gelang der Anflug einfacher als erwartet. Die Landung, am 30. Juli, war hingegen die härteste im gesamten Apollo-Programm, sie erfolgte mit einer hohen Sinkgeschwindigkeit von zwei Metern pro Sekunde. Als das Landetriebwerk erlosch, stand die Falcon mit einem Bein in einer Mulde und elf Grad gegen den Horizont geneigt – aber trotzdem sicher auf dem Mond!

Was dann folgte, war eine erste kurze „Sightseeingtour", so bezeichneten es jedenfalls die Astronauten. Scott verschaffte sich von der geöffneten Kopplungsluke aus einen ersten Eindruck der Mondlandschaft, der ihn schwer beeindruckte. „Junge, was für ein Ausblick", entfuhr es ihm beim Anblick der über vier Kilometer hohen Gipfel. Dann fotografierte er die Szenerie mit dem erstmals mitgeführten 500-Millimeter-Teleobjektiv. Bereits 33 Minuten später war der kurze Einsatz schon wieder vorbei. Dann legten die beiden eine längere Schlaf- und Erholungspause ein. Sie konnten dabei erstmals in ihrer Unterwäsche schlafen, die vorherigen Mannschaften mussten dazu noch die unbequemen Raumanzüge anbehalten.

Der erste reguläre Mondspaziergang wurde einige Stunden danach begonnen. Kommandant Scott beschrieb später das Freiheitsgefühl, das die beiden empfanden, nachdem sie zuvor fünf Tage lang in einem engen Raumschiff eingesperrt waren. Nun genossen sie wieder den „Luxus von Bewegungen".

Unebener Parkplatz: James Irwin hält das Mondauto am Rande eines Kraters fest, während David Scott die vorgesehenen Aufgaben erledigt.

Als die Crew später das Mondauto montierte, fiel auf, dass die Lenkung der Vorderräder defekt war. Da es aber auch hinten lenkbar war, konnten sie es trotzdem verwenden. Das Elektromobil brachte sie auf der ersten Ausfahrt an den Rand der Hadley-Rille, den sogenannten Ellbogen. Die Fahrt war ausgesprochen unruhig, bei einem Sechstel der auf der Erde gewohnten Schwerkraft vollführte das Mondauto heftige Sprünge, teilweise war nur ein Rad auf dem Boden. Am Ellbogen angekommen, stationierten Scott und Irwin die ALSEP-Messgeräte.

Am gegenüberliegenden Hang der stellenweise bis zu 400 Meter tiefen Schlucht erkannten die beiden Astronauten bis zu 60 Meter mächtige Schichten einzelner erstarrter Lavaströme. Ursprünglich war die Rille wohl ein von Lava durchflossener Kanal, an dessen Oberfläche sich eine Art Deckel aus erstarrter Lava bildete, während darunter das flüssige Gestein weiter strömte. Nachdem der Lavastrom versiegt war, brach später der Deckel ein. Dieser Prozess wiederholte sich bei nachfolgenden Vulkanausbrüchen, und der Kanal wurde immer tiefer. Dies ist die moderne Deutung der Wissenschaft von der Hadley-Rille. Damals war noch die Auffassung verbreitet, dass sie wahrscheinlich als Riss in der Mondkruste entstand. Scott, ganz Mann der Tat, hatte der Bodenkontrolle sogar vorgeschlagen, mit dem Mondauto in die tiefe Schlucht hinab zu fahren – es wurde ihm umgehend verboten. An diesem Tag dauerte der Außeneinsatz sechseinhalb Stunden.

Ein uralter Stein

Erst beim zweiten Geländeausflug wurde das Sternenbanner aufgestellt. Dieser war mit über sieben Stunden der längste und führte die Astronauten zum rund fünf Kilometer weit entfernten Mount Hadley. Mit einem Bohrgerät nahmen sie dort Bodenproben aus dem Untergrund, was sich als mühsam erwies. Trotzdem stießen sie bei dieser Exkursion auf wissenschaftlich besonders interessantes Gestein: Als Scott den faustgroßen milchig-weißen Mondstein hochhielt, rief er begeistert: „Wir haben etwas sehr ähnliches wie Anorthosit gefunden“ – tatsächlich hatten sie ein Bruchstück der allerersten Mondkruste aufgespürt. Der „Genesis Rock“ ist mindestens vier Milliarden Jahre alt. Bereits zuvor hatte Irwin auffällig grünliches Gestein eingesammelt. Der Farbeindruck stammt von Glaskügelchen, die in graues Mondgestein eingebettet sind. Sie entstammen aus vulkanischen Feuerfontänen, die dort einst aktiv gewesen sein müssen.

Die Kommando- und Serviceeinheit von Apollo 15, fotografiert von der Landefähre aus. Das Modul mit Messinstrumenten war für acht wissenschaftliche Projekte bestimmt.

Außenbordeinsatz im Weltraum: Astronaut Alfred Worden inspiziert das Forschungsmodul von Apollo 15 und birgt die Filmkassetten der Kameras.

Ein Foto des Kraters Aristarchus und des Schroeder-Grabens – aufgenommen von einer Kamera an Bord von Apollo 15.

Eine Sojabohnen-Kultur wächst in einem künstlichen Medium mit Bodenproben vom Mond, die von Apollo 15 gesammelt wurden.

Die dritte Exkursion führte die Mondfahrer nochmals zur Hadley-Rille, um dort weitere Gesteinsproben zu nehmen. Gegen Ende der Ausfahrt demonstrierte Scott vor laufender TV-Kamera, dass im Vakuum des Mondes ein Hammer und eine Feder gleich schnell fallen – so wie es im Physikunterricht gelehrt wird. Die Crew beendete ihre Aktivitäten im Gelände nach 4 Stunden und 49 Minuten und ließ den Rover so geparkt, dass dessen TV-Kamera die Landefähre bei ihrem Aufstieg filmen konnte, was jedoch misslang. Am 2. August startete die Mondfähre zum Rendezvous mit der Kommandokapsel.

Vor dem Verlassen des Orbits wurde noch PFS-1, ein kleiner Satellit, vom Apollo-Raumschiff ausgesetzt. Er übermittelte aus der Mondumlaufbahn zwei Monate lang magnetische Messungen und Daten zum lunaren Schwerefeld. Beim Umladen der Gesteinsproben und wissenschaftlichen Aufzeichnungen traten bei Irwin zwischenzeitlich Herzrhythmusstörungen auf. Während des Rückfluges normalisierte sich sein Rhythmus wieder. Ansonsten ging der Rückflug problemlos vonstatten. Worden verließ die Endeavour noch für einen 38-minütigen Weltraumspaziergang um Filmmaterial zu bergen, das die Kameras des Servicemoduls von der Mondoberfläche belichtet hatten. Dies war der erste Außenbordeinsatz im Weltall jenseits der Erdumlaufbahn überhaupt.

Am 7. August 1971 wasserte Apollo 15 schließlich im Pazifik. Bei der Öffnung der drei Fallschirme entfalteten sich zwar nur zwei. Da ein solcher Fall bei der Planung berücksichtigt worden war, erfolgte trotzdem eine sichere Wasserung. Die Bergung übernahm die USS Okinawa. Die Mannschaft brachte bei dieser Mission fast 77 Kilogramm Mondgestein mit zur Erde.

Astronaut Charles Duke im Schatten der Landefähre, vor ihm die laufende UV-Kamera. Die Goldbeschichtung sorgt für eine konstante Temperatur. Es entstanden Aufnahmen von Gaswolken und Tausenden von Sternen.

Exkursion zum Strahlenkrater

Apollo 16: Neue Experimente und eine taumelnde Mondfähre

Die vorletzte Apollo-Mission kommandierte ein Weltraumveteran, er brachte Erfahrung sowohl von Gemini- als auch Apollo-Flügen mit: John Young. Der Pilot der Kommandokapsel namens Casper war Ken Mattingly, als Pilot der Mondlandefähre Orion wurde Charles Duke nominiert. Für beide war es der erste Flug ins All. Am 13. Dezember 1971 wurde die Saturn-Rakete zur Startrampe gebracht, musste aber vom 27. Januar bis zum 9. Februar nochmals zurück ins Montagegebäude, da ein Treibstofftank im Kommandomodul bei einem Test beschädigt worden war. Der Start erfolgte erst am 16. April 1972. Drei Tage danach gab es Probleme mit dem Navigationssystem, nötige Positionsbestimmungen führte Mattingly ersatzweise mit einem Sextanten durch.

Zielgebiet für die Landung war eine Ebene im sogenannten Descartes-Hochland, eine gewellte Landschaft geprägt von alten und einigen jüngeren Kratern – die südlichste Landestelle im gesamten Apollo-Programm. Young und Duke erreichten die Oberfläche mit knapp sechs Stunden Verspätung. Der Ausstieg aus der Fähre und die ersten Schritte der Astronauten auf der Oberfläche wurden nicht im Fernsehen übertragen, da der Sender der Mondfähre ausgefallen war. Erst später, mit Hilfe des Mondautos, konnte das Geschehen an der Landestelle wieder verfolgt werden. Zusätzlich zu den wissenschaftlichen ALSEP-Instrumenten nahmen die Astronauten erstmals auch astronomische Fotos mit einer UV-Kamera auf, die sie im Schatten der Mondfähre aufgestellt hatten. Das Instrument verblieb später auf dem Mond, die Filme wurden auf der Erde ausgewertet.

Haushoher Riesenfelsen

Wie schon bei Apollo 15 wurden drei Exkursionen durchgeführt, besonders erwähnenswert ist der dritte „Mondspaziergang". Das Ziel war dabei der etwa ein Kilometer große, vergleichsweise junge North Ray Crater („Nördlicher Strahlenkrater"). Die Fahrt dorthin war relativ sanft, erst in der Nähe des Kraters wurde das

Ausflug mit Mondmobil: Charles Duke am Rande des Plum-Kraters.

Gelände wieder rauer. Schließlich erreichten die beiden den Kraterrand, rund 4,4 Kilometer von der Landefähre entfernt. Dort schossen sie Detailaufnahmen des über 200 Meter tiefen Kraters und hämmerten Proben von „House Rock" ab, einem kolossalen Felsbrocken mit den Ausmaßen eines vierstöckiges Gebäudes. Die Proben belegten, dass die vulkanische Hypothese für die Entstehung dieser Region, welche die Experten vor der Mission vertreten hatten, falsch war. Zudem zeigte House Rock zahlreiche Narben, die an Einschusslöcher erinnerten. Sie entstanden, als der Fels immer wieder von Mikrometeoriten getroffen wurde. Auf dieser Ausfahrt beschleunigte Young das Mondauto bergab auf rekordverdächtige 17,1 Kilometern pro Stunde.

Beim Rückstart versuchte man, mit der TV-Kamera des Rovers erneut eine Fernsehübertragung. Diesmal gelang es besser als bei Apollo 15. Nachdem Young und Duke in die Kommandokapsel Casper umgestiegen waren, sollte die Mondfähre wie üblich auf den Mond stürzen, nach dem Abkoppeln begann die Fähre jedoch zu taumeln. Die Triebwerkszündung wurde deshalb nicht durchgeführt, sodass die Aufstiegsstufe noch etwa ein Jahr bis zum Absturz den Mond umrundete.

Vor dem Verlassen des Orbits wurde noch ein kleiner Satellit ausgesetzt, das gleiche Modell wie schon bei Apollo 15. Der Rückflug selbst ging ohne Probleme vonstatten. Mattingly verließ die Kapsel noch für eine Stunde und 24 Minuten, um Filmmaterial zu bergen. Beim Wiedereintritt in die Erdatmosphäre mussten die Astronauten eine Verzögerung vom 7,2-Fachen der Erdbeschleunigung ertragen, der höchste Wert, der je bei einem Apollo-Flug gemessen wurde. Trotzdem wasserte Apollo 16 am 27. April 1972 sicher im Pazifik, der Flugzeugträger USS Ticonderoga übernahm die Bergung der Mondfahrer. Im Gepäck hatten sie fast 96 Kilogramm Mondgestein. Eine Probe dieses Gesteins kann im Nördlinger Rieskrater-Museum besichtigt werden.

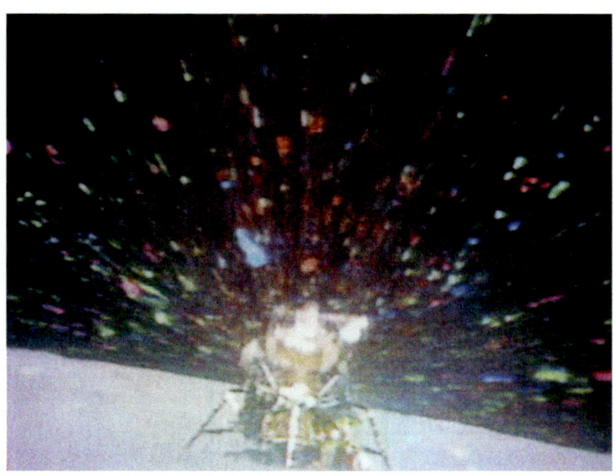

Start zurück zur Apollo-Kapsel: Eine am Mondrover montierte TV-Kamera hielt den eindrucksvollen Moment in Farbe fest.

Die letzten Mondfahrer

Apollo 17: Ein repariertes Mondauto und ein wehmütiger Abschied

Apollo 17 war der bisher letzte bemannte Mondflug. Kommandant war Eugene Cernan, der sich 1969 mit Apollo 10 der Mondoberfläche bis auf 14,4 Kilometer genähert hatte. Seine Nominierung für Apollo 17 war zuvor noch fraglich, weil Cernan durch ein gewagtes Manöver mit einem Hubschrauber dessen Absturz verursacht hatte. Seine Eignung als Kommandant wurde deshalb in Zweifel gezogen. Als Pilot der Kommandokapsel America fungierte Ron Evans, die Mondfähre Challenger steuerte der Geologe Harrison „Jack" Schmitt. Er gehörte zum bereits 1965 ausgewählten Team von Wissenschaftsastronauten, von denen jedoch bis dato niemand eingesetzt worden war. Auf Druck der NASA-Wissenschaftler wurde Schmitt schließlich ins Apollo-17-Team aufgenommen.

Der letzte Start zum Mond: Die Saturnrakete der Apollo-17-Mission wird in Cape Kennedy startfertig gemacht. Es war der einzige Nachtstart des Apollo-Programms.

Nach kleineren technischen Problemen mit einem Computer hob die Rakete am 7. Dezember 1972 mit zwei Stunden und vierzig Minuten Verspätung ab – es war der erste Nachtstart in der Geschichte der bemannten Raumfahrt. Trotz der frühen Morgenstunden beobachteten geschätzt eine halbe Million Menschen in der Umgebung des Kennedy Space Center den Start. Durch die Dunkelheit war das Spektakel sogar noch 800 Kilometer entfernt zu sehen. Plangemäß schoss die dritte Stufe das Raumschiff auf Mondkurs.

Am 11. Dezember landeten Cernan und Schmitt mit der Challenger an einem Ausläufer des Mare Serenitatis, nördlich des rund 2,3 Kilometer hohen Mons Vitruvius. Drei Geländegänge sollten die Astronauten in den kommenden Tagen durchführen, der erste begann rund vier Stunden nach der Landung. Zunächst wurde die Landefähre entladen und das Mondauto in Betrieb genommen, das anders als bei früheren Missionen keine defekte Lenkung aufwies. Allerdings brach eine hintere Radabdeckung teilweise ab, sodass bei der Fahrt Mondstaub hochgewirbelt wurde, was die Sicht der Fahrer behinderte. Sie behalfen sich mit einer Reparatur aus Mondkarten und Klebeband sowie zweckentfremdeten Klammern aus dem Innern der Mondfähre.

Spuren alter Mond-Vulkane

Die Mondfahrer begannen dann westlich des Landeplatzes die Experimente des ALSEP zu stationieren. Danach wandten sie sich nach Süden zum Krater Steno, wo sie über 14 Kilogramm Mondgestein einsammelten. Außerdem positionierten sie zwei Sprengladungen, die für spätere Messungen mit Geophonen ferngezündet werden sollten. Am nächsten Tag unternahmen sie unter anderem eine Expedition in westlicher Richtung, darunter auch zum ungewöhnlich dunklen Krater Shorty, wo Schmitt seltsam gefärbten Mondboden entdeckte: Er bestand aus den orangen Kügelchen eines glasartigen Materials, das wohl einst von vulkanischen Feuerfontänen hier abgelagert worden war – sowohl Geologe Schmitt als auch Cernan waren begeistert. Nach 7 Stunden und 36 Minuten

endete dieser Geländegang. Schließlich, am Ende der dritten und letzten Exkursion, waren sie insgesamt 34 Kilometern mit dem Mondauto gefahren. Die letzten Menschen auf dem Mond enthüllten noch eine Gedenktafel an der Landefähre, welche an die Leistungen des Apollo-Programms erinnern sollte.

Cernan folgte dann Schmitt als letzter Mondfahrer zurück in die Fähre. Am 14. Dezember 1972, um 5:40 Uhr Greenwich-Zeit, starteten sie von der Mondoberfläche. Cernans Abschiedsworte klingen ebenso pathetisch wie wehmütig: „Wir verlassen den Mond ebenso wie wir kamen und wie wir mit Gottes Hilfe zurückkehren werden: in Frieden und in Hoffnung für die gesamte Menschheit. Gute Reise für die Crew von Apollo 17."

Während beide auf dem Mond waren, hatte Evans vom Orbit aus die Mondoberfläche untersucht, anders als bei früheren Missionen auch mit einem Radargerät. Daraus ließ sich beispielsweise präzise der tektonische Aufbau der Mondkruste ermitteln. Nach dem Rendezvous-Manöver wechselten Cernan und Schmitt in die America. Die Aufstiegsstufe der Challenger schlug danach gezielt auf dem Mond auf, rund zehn Kilometer von der Landestelle entfernt. Alle noch funktionierenden Seismometer an jeder Apollo-Landestelle registrierten den Impakt. Die von den Astronauten installierten Sprengladungen wurden erst Tage später ferngezündet.

Auch bei diesem Rückflug musste das Filmmaterial geborgen werden, das vom Kommandomodul aus von der Mondoberfläche geschossen worden war. Evans verbrachte dazu 66 Minuten außerhalb der America. Am 19. Dezember 1972 trat die Kapsel von Apollo 17 in die Erdatmosphäre ein, die Wasserung im Pazifik und die Bergung verliefen problemlos – 52 Minuten später waren die drei Mondfahrer sicher an Bord der USS Ticonderoga. Ihre Mission brach mehrere Rekorde: Mit 3 Tagen und 3 Stunden war es der längste Aufenthalt auf dem Mond; es gab die längsten „Spaziergänge" im Gelände; und die Astronauten brachten die größte Menge an Gesteinsproben zur Erde.

Improvisation ist gefragt. Mit Hilfe von Mondkarten, Klebeband und Klammern reparierten die Astronauten ein abgebrochenes Schutzblech. So wurde weniger Mondstaub aufgewirbelt.

Kommandant Cernan besteigt den Mondrover. Insgesamt 34 Kilometer legte die Crew damit zurück.

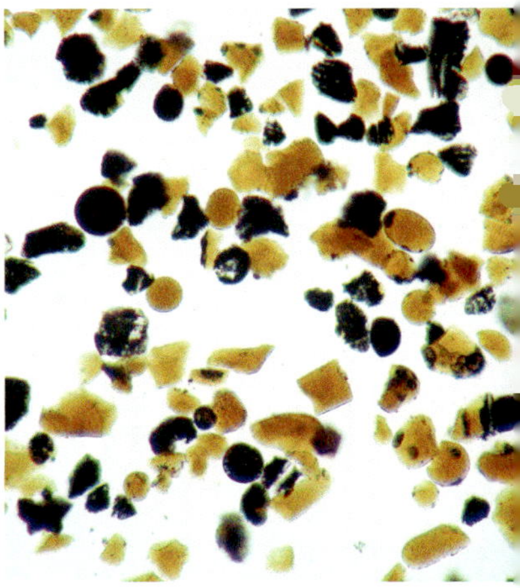

Astronaut Schmitt entdeckt orange gefärbten Boden. Die spätere mikroskopische Untersuchung zeigt: Es handelt sich um allerfeinste Glaspartikel (ganz rechts).

Wichtige Erkenntnisse und Entwicklungen

War es das wert?

Das Apollo-Programm war ein teures Unternehmen und ein Kraftakt ohnegleichen. Es sorgte für einen enormen technologischen Aufschwung.

NASA-Technik im Stadiondach: Für die Raumanzüge der Astronauten wurde ein besonderes Gewebe entwickelt. Fester als Stahl, leicht, flexibel und widerstandfähig, eignete sich das Material perfekt für das verschiebbare Dach des Reliant-Stadions in Houston.

Wenn es um den Sinn des Mondlandeprogramms – oder auch allgemeiner der bemannten Raumfahrt – geht, stehen sich zwei Lager mit unvereinbaren Positionen gegenüber. Die Gegner beklagen einen nicht ersichtlichen Nutzen und fordern, man solle mit dem vielen Geld besser Probleme auf der Erde beheben. Die Befürworter weisen die eindimensionale, ökonomische Sichtweise von „return on investment" von sich und bezweifeln, dass Geld allein unsere Alltagsnöte lösen kann. Es ist wie eine hartnäckige Glaubensfrage, die keine eindeutige Antwort zulässt.

Ohne Zweifel war der Wettlauf zum Mond getrieben von der politischen und militärischen Rivalität der beiden atomaren Supermächte USA und Sowjetunion. Ein halbes Jahr nach Präsident Kennedys historischer Rede, in der er das Mondprogramm verkündet hatte, hatte die NASA zehntausend Fragen und offene Probleme aufgelistet, die beantwortet und gelöst werden mussten. Dies führte dazu, dass in Spitzenzeiten 400 000 Menschen in mehr als 20 000 Lieferfirmen sowie einigen Hundert Behörden und wissenschaftlichen Institutionen mit diesem Programm beschäftigt waren.

Die Kosten waren wahrhaft astronomisch: Für das gesamte Projekt wurden 25 Milliarden US-Dollar aufgewandt, das entspricht nach heutiger Kaufkraft etwa 140 Milliarden Dollar oder 115 Milliarden Euro. Umgerechnet auf die 382 Kilogramm Mondgestein wäre ein Gramm davon fast zehntausendmal so teuer wie Gold. Als die finanziellen Anstrengungen im Jahr 1966 ihren Höchststand erreichten, gingen von jedem Dollar, den ein Steuerzahler damals aufbrachte, etwa vier Cent in das Raumfahrtprogramm.

Die komplexe Organisation ließ sich nur beherrschen, indem völlig neue Managementstrukturen geschaffen wurden. Manche Fachleute sehen allein darin den wesentlichen Spin-off des Apollo-Programms. Darüber hinaus haben viele Weltraumtechnologien, insbesondere aus dem Apollo-Programm, wertvolle Anwendungen auf ganz anderen Gebieten hervorgebracht. Hierzu zählen technische Innovationen in der Medizin, an Solarzellen, im Recycling, in der Mikroelektronik, bei Werkstoffen, Messinstrumenten, Sensoren, Produktionsverfahren und in der Computertechnik.

Damalige Berichterstatter staunten darüber, dass mehrere Gruppen von Computern simultan jeden Schritt des Zusammenbaus der Saturn V kontrollierten. Während des Fluges übermittelte der Bordcomputer Messdaten von 4000 Sensoren an Rakete und Raumschiff an die Bodenstation. „Computer, die an jedem Tag eines Apollo-Fluges 80 Milliarden Berechnungen ausführen, bilden das Nervenzentrum jenes weltumspannenden Netzes von Bahnverfolgungsstationen", schrieb 1969 fasziniert der *Spiegel*. Das gab der Computerisierung auch von Produktionsprozessen enormen Auftrieb.

Aus dem Apollo-Programm gingen viele Spin-off-Technologien für den Einsatz auf der Erde hervor, hier ein paar konkrete Beispiele:

- Nach dem Unglück von Apollo 1 entwickelte feuerfeste Materialien schützen heute Feuerwehrleute und Soldaten und kommen in Gebäuden zum Einsatz.
- Geräte zum Aufbereiten von Wasser in den Raumschiffen fanden Anwendung in Dialysesystemen.
- Isolierschäume nutzt man heute auch bei Pipelines.
- Das für Astronauten entwickelte Herz-Kreislauf-Training hat Physiotherapien verbessert.
- Ein chemisches Verfahren zum Reinigen von gebrauchten Triebwerksteilen wird heute zur Aufbereitung von verschmutztem Wasser eingesetzt.

All diese Produkte hätte man mit zielgerichteter Forschung wesentlich billiger haben können, argumentieren die Kritiker. Doch dürfen wir ein Projekt, das damals die ganze Welt begeistert und fasziniert hat, allein durch die Brille eines Volkswirtschaftlers betrachten? Das wäre ungefähr so, als würden wir ein Fünf-Gänge-Menü in einem französischen Restaurant allein nach seinem Nährwert beurteilen.

Die erste Landung eines Menschen auf einem fremden Himmelskörper war ein Meilenstein in der Geschichte der Menschheit. Jeder, der alt genug ist, erinnert sich an dieses bewegende Ereignis. Apollo hat eine ganze Generation von jungen Menschen geprägt, fasziniert und für Naturwissenschaft und Technik begeistert. Unabhängig von Religion und Nationalität fieberten alle mit – auch die Sowjets. Dieses globale Zusammengehörigkeitsgefühl ist heute auf ein beängstigend niedriges Niveau geschrumpft. Es lebt aber weiter in den grenzüberschreitenden Aktivitäten der Wissenschaften und der Raumfahrt, angetrieben von den ureigensten Trieben der Menschheit: Neugier, Erkenntnisgewinn und Entdeckertrieb.

Die bemannte Raumfahrt hat eine Funktion, die keiner wirtschaftlichen Kosten-Nutzen-Rechnung gehorcht. Sie dient der „Verwirklichung einer kosmischen Kultur", wie es der Philosoph Carl Friedrich Gethmann einmal sagte. Der amerikanische Chemie-Nobelpreisträger Harold C. Urey antwortete auf die Frage, ob Raumfahrt hinter irdischen Aufgaben höherer Priorität zurückzutreten habe: „Unsere Nation ist reich genug, dass wir, wenn Raumfahrt und andere Technikvorhaben gegeneinander stünden, uns gewiss beides leisten könnten."

Wichtige Stromquelle im All: Solarpaneele dienen auch auf der Erde zur Stromerzeugung.

Vom Moonwalk zum Sportplatz: NASA-Technologie steckt mit schockabsorbierendem Kunststoff heute in fast jedem Sportschuh. Auch der Akku-Schrauber ist ein Nebenprodukt der Weltraumforschung.

Von Saljut zu ISS

Raumstationen in der Erdumlaufbahn ermöglichen Langzeitaufenthalte in der Schwerelosigkeit. Die erste Station namens Saljut ging noch während der Apollo-Ära in Betrieb.

Die ISS ist das größte jemals von Menschen erbaute Objekt im Weltraum – sie nimmt etwa die Fläche von 5 000 Quadratmetern ein. Diese Aufnahme stammt von der Raumfähre Atlantis aus dem Jahre 2010.

Die Planungen für die bemannte Raumfahrt in der Ära nach Apollo begannen in den USA schon kurz nach der ersten Mondlandung. Allerdings mussten erste hochfliegende Pläne aus Geldmangel gestrichen werden. Währenddessen hatten die Verantwortlichen in der Sowjetunion mit dem Raumstationsprogramm Saljut (deutsch: Ehrensalve, Salut) das zentrale Element in der sowjetischen bemannten Raumfahrt festgelegt.

Aus wissenschaftlicher Sicht ging es vornehmlich um die Fragen, wie lange Menschen in der Schwerelosigkeit ohne bleibende gesundheitliche Schäden leben können und ob man Pflanzen anbauen könne.

Die sowjetische Raumstation Saljut war etwa 15 Meter lang und besaß einen Durchmesser von 4,50 Metern. Ein Lebenserhaltungssystem sowie Solarzellen, die 4000 Watt an elektrischer Leistung lieferten, ermöglichten den Aufenthalt von zwei bis drei Kosmonauten. Im Juni 1971 war die erste Raumstation in der Geschichte der Raumfahrt besetzt. Mehr als drei Wochen verbrachten Georgi Dobrowolski, Wiktor Patsajew und Wladislaw Wolkow ohne Probleme auf Saljut 1. Doch bei ihrer Rückkehr kam es zu einer Katastrophe.

In der Landekapsel schloss ein Ventil nicht richtig. Dadurch entwich die Luft, und die drei Kosmonauten erstickten. Die Katastrophe hätte vermieden werden können, wenn einer der Kosmonauten das Ventil einfach mit einem Finger zugedrückt hätte. Aber vermutlich ging der Druckabfall so schnell, dass keine Zeit zum Reagieren blieb. Eine Untersuchungskommission schrieb danach zwingend das Tragen von Raumanzügen bei der Landung vor, worauf man bis dahin aus Platzgründen verzichtet hatte.

Im Oktober 1971 war Saljut 1 so weit abgesunken, dass man sie gezielt im Meer abstürzen ließ. Nachfolgend befanden sich sechs funktionsfähige Stationen dieser Art in der Erdumlaufbahn.

In den USA war man derweil auf die Idee gekommen, die aus dem Apollo-Programm übrig gebliebenen Saturn-Raketen und Apollo-Raumschiffe für den Aufbau einer Raumstation zu nutzen. Hierfür baute man die dritte Stufe der Mondrakete gezielt um. Der große Wasserstofftank wurde mit einem Lebenserhaltungssystem sowie wissenschaftlichen Einrichtungen versehen und diente als Aufenthalts- und Arbeitsraum. Darüber hinaus erhielt das Modul ein Steuerungssystem sowie eine Andockstelle für das Apollo-Raumschiff.

Diese Raumstation namens Skylab war mit einer Länge von 35 Metern und einem Durchmesser von 6,6 Metern wesentlich größer als die Saljut und bot mit 23 000 Watt auch mehr elektrische Leistung für Experimente. Insgesamt gelangten zwischen Mai und November 1973 vier Skylab-Module in eine Erdumlaufbahn. Doch auch hier lief nicht alles problemlos ab.

Skylab 1 startete am 14. Mai 1973 mit einer Saturn V. Es war der letzte Start einer Mondrakete dieses Typs. Dabei wurde sie als zweistufige Rakete eingesetzt, die dritte Stufe war das Skylab-Modul. Doch in der Startphase riss an der Seite der Station eine Aluminiumfolie ab, die gleichzeitig als Schutzschild gegen Meteorite und die Sonneneinstrahlung dienen sollte. Zu allem Überfluss war ein Sonnensegel abgerissen, und die restlichen Paneelen ließen sich nicht entfalten.

Daraufhin entschloss sich die NASA zu einem gewagten Manöver. Mit einer Saturn IB machten sich Charles Konrad, Paul Weitz und Joseph Kerwin auf den Weg zur Station. Im Handgepäck hatten sie ein Stück Metallgewebe, Angelschnur und einen Bolzenschneider. In einem vierstündigen Außenbordmanöver gelang es ihnen, das Tuch als neuen Sonnenschirm anzubringen und die Sonnensegel zu entfalten. Damit hatten die drei Astronauten Skylab 1 gerettet und die Ehre der NASA wieder hergestellt. Drei Wochen lang führten sie alle Experimente wie geplant aus und kehrten in bewährter Apollo-Manier wohlbehalten zur Erde zurück. Am 8. Februar 1974 war das Skylab-Programm beendet, die Station wurde im Juli 1979 kontrolliert zum Absturz gebracht.

Skylab mit „Schutztuch", aufgenommen von der Besatzung, die am 22. Juni 1973 zur Erde zurückkehrte.

Während sich Amerikaner und Sowjets mit Skylab und Saljut für kurze Zeit wieder ein Wettrennen geliefert hatten, näherten sich die Politiker auf der Erde langsam einander an. Als symbolträchtige Fortführung des neuen politischen Kurses beschlossen die Präsidenten Nixon und Breschnew eine gemeinsame Weltraummission: In der Erdumlaufbahn sollten ein Apollo- und ein Sojus-Raumschiff aneinander ankoppeln.

Das Vorhaben mit der offiziellen Bezeichnung Apollo-Sojus-Testprojekt erhielt einen hohen politischen Stellenwert, das Vorhaben gelang mit großer Präzision. Am 17. Juli 1975 dockten die beiden Raumschiffe in 222 Kilometer Höhe an, die Luftschleusen wurden geöffnet, und etwa eine Milliarde Menschen am Boden wurden Zeugen, wie sich erstmals im All sowjetische Kosmonauten und amerikanische Astronauten die Hände reichten – der politische Schulterschluss war gelungen, aus technischer oder gar wissenschaftlicher Sicht brachte die Mission indes wenig.

Nach der langjährigen Erfahrung mit Saljut beschloss die Sowjetunion den Bau einer großen Station namens Mir (deutsch Frieden oder Welt). Am 20. Feb-

Ein Bild der ersten bemannten Raumstation, der sowjetischen Saljut 1, auf dem Montagestand. Sie war etwa 20 Meter lang und bot bei einem maximalen Durchmesser von vier Metern etwa 100 Kubikmeter Raum.

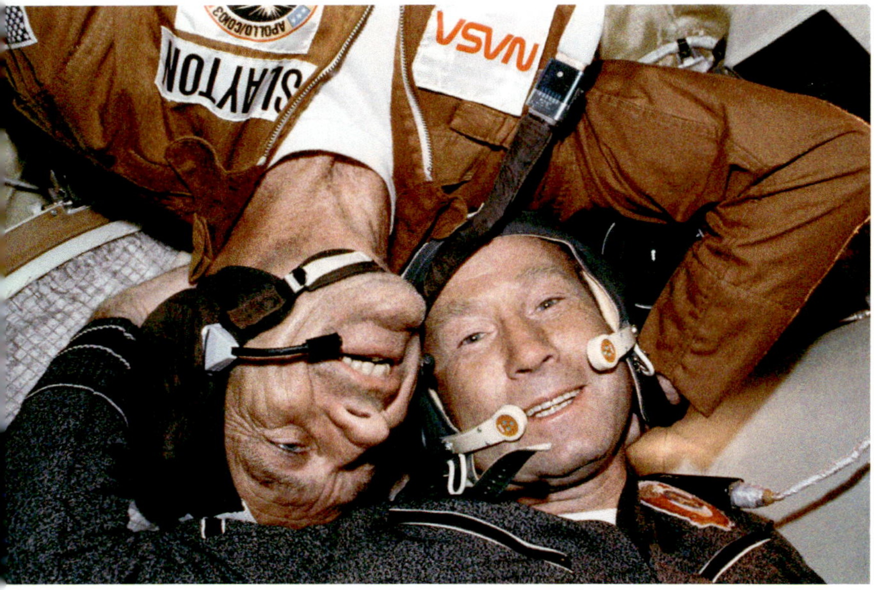

Neue Verbündete: Der NASA-Astronaut Donald Slayton (links) und sein sowjetischer Kollege Alexej Leonow zusammen in der Sojus-Kapsel.

Die Apollo-Sojus-Crew mit den Amerikanern Donald Slayton, Tom Stafford und Vance Brand (links), sowie den Sowjets Alexej Leonow und Walerie Kubasow (rechts).

ruar 1986 gelangte das Kernmodul in eine rund 360 Kilometer hohe Umlaufbahn. Es hatte etwa Ausmaße und Gewicht der Saljut, war aber technisch aufgerüstet, zum Beispiel durch leistungsfähigere Computer und eine höhere Energieversorgung.

Im März setzte die erste Mannschaft die neue sowjetische Raumstation in Betrieb und brachte Versorgungs- und wissenschaftliche Güter in die Station. In dieser Phase gelang den Sowjets ein raumfahrttechnisches Meisterstück. Im Mai 1986 flogen Leonid Kisim und Wladimir Solowjew als erste Besatzung zur Mir und nahmen die Station in Betrieb. Knapp acht Wochen später dockten sie ab und flogen zu der 2500 Kilometer entfernten Saljut 7, der letzten Station dieses Typs. 29 Stunden später hatten sie ihr Ziel erreicht. Sie setzten die dunkle, vereiste Station instand und arbeiteten auf ihr bis Ende Juni. Dann packten sie ihre Sachen und flogen erneut zur Mir. Drei Wochen später kehrten sie wohlbehalten zur Erde zurück. Es war der erste und bislang einzige Pendelverkehr zwischen zwei Raumstationen. Der Film *Gravity* greift dieses Husarenstück auf, indem sich die Astronautin Ryan Stone (Sandra Bullock) mit einem Sojus-Raumschiff von der havarierten ISS zur chinesischen Station Tiangong rettet.

Mitte der 1990er-Jahre bestand die Mir aus sechs Modulen und barg wissenschaftliche Geräte mit einem Gesamtgewicht von 11,5 Tonnen. Zudem entpuppte sie sich als nahezu unverwüstlich auch wenn Skeptiker gegen Ende von einem „fliegenden Schrotthaufen“ sprachen.

Obwohl nur für einen Betrieb von fünf Jahren ausgelegt, umkreiste sie 15 Jahre lang die Erde. Von 1989 bis 1999 war die Station durchgehend besetzt. In diesem Zeitraum flogen insgesamt 104 Kosmonauten zur Mir und führten mehr als 23 000 wissenschaftliche Experimente aus. Zahlreiche Rekorde, vom längsten Aufenthalt im Weltall bis hin zum längsten Weltraumspaziergang, wurden aufgestellt.

Nachdem 1981 der erste Space Shuttle gestartet war, versuchte die NASA dem damaligen Präsidenten Ronald Reagan die Idee einer Raumstation schmackhaft zu machen. Nach einigem Zögern ging dieser darauf ein und verkündete im Januar 1984 im Stil seines Vorgängers Kennedy, dass Amerika innerhalb von zehn Jahren einen solchen Außenposten im All errichten werde.

Ein Jahr später stellte die NASA den ersten Plan der Station vor, die Freedom (Freiheit) getauft wurde. Es war eine mächtige Konstruktion aus vielen Modulen mit einer Ausdehnung von 152 mal 110 Metern. Freedom sollte nicht nur als Forschungsstation dienen, sondern auch Ausgangspunkt für Flüge ins Planetensystem sowie Produktionsstätte für neuartige Materialien sein. Um die Kosten für die USA nicht ins Unermessliche steigen zu lassen, wurden Kanada, Japan und Europa zur Mitarbeit eingeladen. Acht Milliarden Dollar wurden damals für den Bau der Freedom veranschlagt. Doch je genauer die Kosteneinschätzungen wurden, desto höher ging der Preis, woraufhin die Station immer weiter abgespeckt wurde.

Dann ereignete sich 1986 das Unglück der Challenger, welches das Shuttle-Programm zeitlich zurückwarf und viel Geld für die technische Aufrüstung der restlichen Shuttle-Flotte nach sich zog. Schließlich zeigte die Regierung unter Bill Clinton wenig Interesse an der Raumstation und kürzte 1993 die Mittel. Übrig blieb eine Rumpfstation, die man in Alpha umtaufte.

Mittlerweile war die Sowjetunion zerfallen, was auch den Niedergang der nunmehr russischen Raumfahrt zur Folge hatte. Der neue NASA-Chef Dan Goldin sah jedoch nun die Chance, den einstigen Konkurrenten im All zum Weggefährten zu machen.

Im September 1993 schlossen die USA und Russland einen Vertrag über den gemeinsamen Aufbau der Internationalen Raumstation ISS, die bis 2004 fertig sein sollte. Doch finanzielle Probleme auf russischer Seite verzögerten das Projekt erneut, so dass die NASA schließlich die Finanzierung des ersten Moduls Sarja (Sonnenaufgang) übernahm.

Der Grundstein für die Forschungsstation im All wurde am 20. November 1998 gelegt. An dem Tag brachte eine Proton-Rakete das 13 Meter lange und 20 Tonnen schwere Labor Sarja in eine etwa 350 Kilometer hohe Umlaufbahn. Am 4. Dezember folgte der Shuttle Endeavour und lieferte den amerikanischen Verbindungsknoten Unity, den die Shuttle-Crew an Sarja ankoppelte. Mit dem Andocken des russischen Servicemoduls Swesda (Stern) im Juli 2000 war der zentrale Teil der Station aufgebaut, die erste Crew konnte in die ISS einziehen. Danach ging der Aufbau Schritt für Schritt voran. Im Februar 2008 koppelte das europäische Forschungsmodul Columbus an.

Im heutigen Endausbau verfügt die ISS über mehrere Wohn- und Labormodule. Das Volumen von 1200 Kubikmetern entspricht dem eines Jumbo-Jets. Damit ist die Station fünf Mal so groß wie die Mir. Die Solarzellen mit einer Fläche von 4500 Quadratmetern sind mehr als halb so groß wie ein Fußballfeld und liefern eine Leistung von 110 Kilowatt, wovon 45 Kilowatt allein für die Experimente zur Verfügung stehen.

Die Raumstation ist damit das größte internationale Projekt der Geschichte. Mehr als hunderttausend Menschen aus 15 Ländern rund um den Globus waren am Bau und an der Entwicklung beteiligt. Die Kosten betrugen mehr als 100 Milliarden Euro.

Die Mir-Raumstation im Orbit, fotografiert von der US-Raumfähre Endeavour 1998 während des Rendezvous.

Spacewalk über Neuseeland: Um neue Instrumente zu installieren oder Wartungsarbeiten vorzunehmen, sind solche Montage-Ausflüge an der ISS unabdingbar – hier ein Bild aus dem Jahr 2006.

Globaler Blick zurück

Das Raumschiff Erde als „blaue Murmel" über dem Mond

Blaue Murmel: Das berühmte Foto der Erde, aufgenommen an Bord von Apollo 17 im Dezember 1972. Die Crew sah den Planeten mit der Antarktis „oben".

Sobald es eine Fotografie der Erde, aufgenommen von außerhalb, gibt – sobald die völlige Isolation der Erde bekannt wird –, wird sich eine neue Idee, so mächtig wie keine andere in der Geschichte, Bahn brechen", schrieb der Kosmologe Fred Hoyle. Und zwar bereits im Jahr 1948. Vor dem Zeitalter der Raumfahrt wurde die Erde meist als grüner Planet imaginiert. Der Science-Fiction-Künstler Frank R. Paul malte wohl das erste Bild eines wolkenlosen blauen Planeten – mit klaren Konturen der Kontinente –, erschienen auf der Rückseite des Magazins *Amazing Stories* im Juli 1940.

Das erste Foto von der Erde aus dem Weltraum machte der Satellit Explorer 6 am 14. August 1959, 27000 Kilometer über Mexiko: eine verwaschene Aufnahme des wolkenbedeckten Pazifiks. Juri Gagarin war am 12. April 1961 der erste Mensch, der den Planeten aus dem All betrachtete.

Das erste Foto eines Erdaufgangs über dem Mond stammt vom NASA-Satelliten Lunar Orbiter 1 am 23. August 1966. Menschen hatten diesen erhabenen Blick erstmals am 24. Dezember 1968: Frank Borman, James Lovell und William Anders an Bord von Apollo 8 in der Mondumlaufbahn. Letzterer sah das Ereignis zuerst. „Look at that picture over there! There's the Earth coming up. Wow, is that pretty", lauteten seine Worte, und er schoss eine Schwarz-Weiß-Aufnahme. „Hey, don't take that, it's not scheduled", witzelte Borman darauf. Anders lachte: „You got a color film, Jim? Hand me that roll of color quick, would you…" Er nahm den Farbfilm und machte die berühmten Aufnahmen, während Lovell kommentierte: „Oh man, that's great!" Von einem stummen Staunen konnte also keine Rede sein, und doch war dieser Augenblick im philosophischen Rückblick wohl einer der denkwürdigsten Momente in der Entwicklungsgeschichte der Menschheit.

Die pralle Erde im Sonnenglast

Den vollen Globus im Sonnenlicht fotografierte schon zuvor der geostationäre Satellit ATS-3 (Applications Technology Satellite), den die NASA von 1967 bis 2001 (!) betrieb. Das Farbbild, das hauptsächlich Südamerika zeigt, entstand am 10. November 1967. Eine viel größere Wirkung hatte und hat allerdings die berühmte Aufnahme der „blauen Murmel" im All, die die Crew von Apollo 17 am 7. Dezember 1972 um 10:39 Uhr Weltzeit machte. Sie entstand aus einer Entfernung von 29000 Kilometern während der letzten Reise zum Mond, gut fünf Stunden nach dem Start. Zuvor hatten die Flugbahnen keinen Blick auf die Südhemisphäre vom Mittelmeer bis zur Antarktis im vollen Sonnenlicht erlaubt; auch Afrika ist fast ganz zu sehen. Tatsächlich entstanden einige ähnliche Aufnahmen mit der 70-Millimeter-Hasselblad-Kamera und ihrem 80-Millimeter-Zeiss-Objektiv, aber das Foto mit der Bezeichnung AS17-148-22727, das von Jack Schmitt stammte, avancierte zu den meistreproduzierten Bildern aller Zeiten, wie der NASA-Archivar Mike Gentry meinte. Meistens wird es konventionsgemäß mit der Antarktis unten gezeigt, obwohl diese für die Astronauten oben war. Seitdem hat kein Mensch mehr das ganze Erdenrund aus dem All erblickt.

Das erste Bild der wolkenlosen blauen Erde, gemalt von Frank R. Paul für das Science-Fiction-Magazin *Amazing Stories* (1940).

Satellitenaufnahmen lichteten die blaue Murmel allerdings weiterhin ab, und immer besser. 2002 veröffentlichte die NASA eine ganze Fotoserie, basierend auf vielen zusammengesetzten Bildern, die die Erde aus unterschiedlichen Perspektiven und weitgehend wolkenfrei mit einer Auflösung von einem Kilometer pro Bildpunkt zeigten. 2005 gab es eine weitere Serie mit 500 Meter pro Pixel von jedem Monat des Jahres 2004. 2012 folgten dann noch bessere Bilder vom Satelliten Suomi NPP (National Polar-orbiting Partnership), auch im Infrarot-Bereich sowie von den irdischen Nachtseiten mit den künstlichen Lichtern der Städte. Das am 11. Februar 2015 gestartete Deep Space Climate Observatory (DSCOVR) sendet inzwischen alle zwei Stunden Fotos des ganzen sonnenbeschienen Globus vom Lagrange-Punkt L_1 aus 1,5 Millionen Kilometer Entfernung. Zuweilen läuft sogar der erdabgewandte Vollmond im Vordergrund durchs Bild.

Der Overview-Effekt

Erst der Blick von außen machte augenfällig, wie fragil die Erde in den lebensfeindlichen wüsten Weiten des Weltraums ist, und dass sie eine Einheit bildet. Seit den 1960er-Jahren wird auch vom „Raumschiff Erde“ gesprochen. Maßgeblich war hier eine Rede des US-Politikers Adlai Stevenson 1965 bei den Vereinigten Nationen. Die Formulierung ist allerdings schon älter; der Journalist Henry George prägte sie in seinem Buch *Progress and Poverty* bereits 1879.

Die „blue marble“-Aufnahme der Crew von Apollo 17 wurde rasch zu einem Symbol für die Umweltbewegung der 1970er-Jahre. Sie verdeutlicht grandios, dass das Lebenserhaltungssystem des Raumschiffs Erde nicht selbstverständlich ist und dass es dafür keinen Ersatz im Kofferraum gibt. James Lovelock formulierte ab 1972 sogar die Gaia-Hypothese: Ihr zufolge bildet die Biosphäre einen planetarischen Organismus, der mit den anorganischen Elementen ein sich selbst regulierendes, komplexes System schafft und damit rückwirkend zur Erhaltung des Lebens beiträgt.

Die Wahrnehmung der Erde als Ganzes hat also durchaus das Selbstbild des Menschen verändert (wenn auch nicht jedes Menschen) und vielleicht sogar einen Bewusstseinswandel eingeleitet. Der Journalist Frank White prägte dafür den Begriff des Overview-Effekts. Er sieht den Homo sapiens sogar als Übergang zum Homo spaciens, den Weltraummenschen, der das Sonnensystem besiedeln kann. Mit der Überwindung der Schwerkraft erhofft er sich auch die Überwindung der menschlichen Makel. „Die Erkundung des Weltraums sollte zum modernen Zentralobjekt werden, und die bemannte Raumfahrt zum zentralen Projekt aller Menschen, die gegenwärtig die Erde bevölkern. Sie sollte zum Ziel haben, uns aus der Höhle herauszuholen, uns die Freiheit zu geben, die

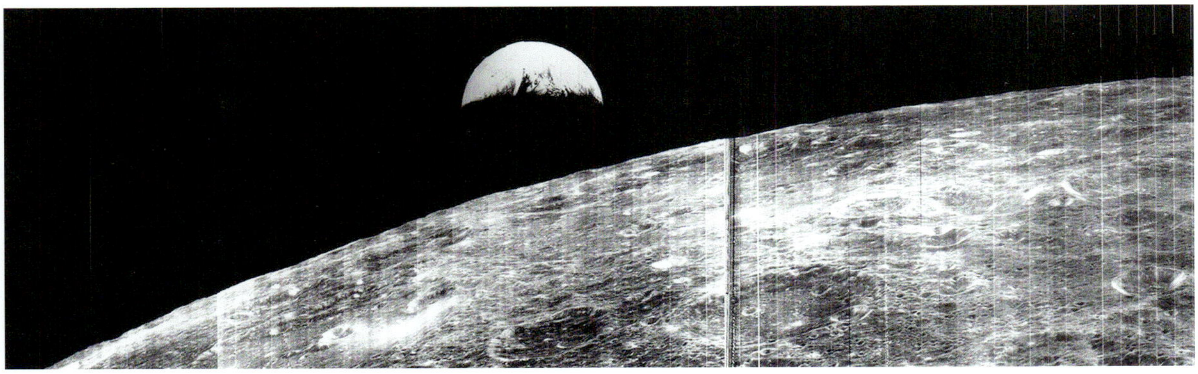

Erdaufgang über dem Mond – erstmals fotografiert von Lunar Orbiter 1 am 23. August 1966 während der 16. Mondumkreisung und empfangen von der NASA-Station Robledo De Chavela bei Madrid in Spanien.

Das erste Bild von der Erde aus dem All: Aufgenommen von Explorer 6 am 14. August 1959 aus 27 000 Kilometer Höhe. Das Foto zeigt den Pazifik und Wolken darüber.

Epochaler Blick: Am 24. Dezember 1968 sahen erstmals Menschen die Erde aus einer Mondumlaufbahn.

Wirklichkeit statt der Illusionen zu sehen, die einer an die Oberfläche eines Planeten geketteten Spezies anhaften" meint White. „Jeder kann sich dagegen entscheiden, Bürger des Universums zu werden, doch kann die Menschheit nicht länger Unwissenheit vortäuschen bezüglich dessen, was wirklich möglich ist."

Menschen mit einem engen geistigen Horizont prangern die Raumfahrt oft als Verschwendung an. Oder sie fordern, man solle sich lieber den Problemen auf der Erde widmen. Diese Ignoranz versteht nicht, dass die Raumfahrt gerade bei der Lösung der enormen irdischen Schwierigkeiten wertvolle Hilfen leistet und aufgrund der großen Anforderungen auch das technisch-wissenschaftliche Niveau insgesamt anhebt, zumal ja bislang ohnehin jeder Euro auf der Erde ausgegeben wird.

Die Außenperspektive auf den Blauen Planeten trägt zu einem dringend nötigen Bewusstseinswandel bei, der für Frieden und Freiheit auf der Erde von großer Bedeutung ist. Der Astronaut Ben Salman Al-Saud aus Saudi-Arabien hat dies so ausgedrückt: „Am ersten Tag deutete jeder auf sein Land. Am dritten oder vierten Tag zeigte jeder auf seinen Kontinent. Am fünften Tag achteten wir auch nicht mehr auf die Kontinente. Wir sahen nur noch die Erde als den einen, ganzen Planeten."

Raumsonden haben die Perspektive nochmals geweitet und die Stellung des Menschen – nicht im Kosmos, aber doch im Sonnensystem – in einen passenderen Maßstab gerückt. Als die Sonde Voyager 1 am 14. Februar 1990 die Erde in der Rückschau aus über sechs Milliarden Kilometer Distanz abbildete – dem 40-Fachen des Abstands der Erde zur Sonne –, erschien sie bloß noch als blasses, kaum sichtbares Pünktchen. Der Astronom Carl Sagan beschrieb sie als „Pale Blue Dot" in seinem Buch von 1994 mit demselben Titel.

Bescheidenheit durch Bescheidwissen

Der Blick auf die Erde von oben und vom Mond, nicht nur als Ausschnitt, sondern als Ganzes, als „Blauer Planet", hat das Bewusstsein von ihr als verletzliches Raumschiff und Lebenserhaltungssystem seit den 1960er-Jahren geprägt. Was über Jahrtausende hinweg keine Religion schaffte, gelang der Astronomie und Astronautik in wenigen Jahrzehnten: die Erkenntnis und das Erleben der menschlichen Stellung im All als eine Marginalität. Das sollte eine Bescheidenheit durch Bescheidwissen zur Folge haben. Dies kann nicht hoch genug bewertet werden, führt es doch jegliche Überheblichkeit, Großmannssucht und Raffgier ad absurdum, die politisch, ökonomisch und ökologisch das irdische Leben gefährden.

Die Exploration des Alls ist nicht nur eine technische Angelegenheit, sondern auch Teil einer soziokulturellen, biotechnologischen und geopolitischen Evolution, die den Menschen und seine Sicht der Welt radikal verändert. Der NASA-Manager Jesco von Puttkamer sprach daher sogar von einer „Kulturpflicht" zur Raumfahrt. Und der Wissenschaftler und Science-Fiction-Autor Isaac Asimov plädierte dafür, den „planetarischen Chauvinismus" zu überwinden, aufgrund dessen sich Menschen als Planetenbewohner verstehen.

Die Realität sieht leider oft anders aus, wie der Planetenwissenschaftler John S. Lewis betont hat: „Die letzten drei Saturn-V-Raketen, die fertiggestellt wurden und bereits bezahlt waren, wurden am Marshall Space Flight Center in Cape Canaveral zur Dekoration des dortigen Rasens aufgestellt, wo sie nun vor sich hin rosten. Nur Staatsregierungen können es sich leisten, jeweils eine viertel Milliarde Dollar für Dinge auszugeben, die die Funktion von Plastikflamingos erfüllen."

Auch der Philosoph Ernst Sandvoss sieht in der Raumfahrt einen existenziellen, evolutionären und kreativen Imperativ: Wir müssen ins All, weil es da ist, weil die Entwicklung der menschlichen Spezies sonst stagniert, statt in eine Phase der Autoevolution überzugehen, weil die Alternative zum Aufbruch der Untergang ist und weil die Expansion ins All ungeahnte schöpferische Kräfte freisetzt, Kooperation und Kommunikation fordert und fördert sowie der Destruktivität von Dummheit, Furcht, Hab- und Machtgier entgegentritt. „Religiöse, politische wie militärische Machtgebilde verlieren in dem Maß an Bedeutung, wie die Raumfahrt an Bedeutung gewinnt", lautet Sandvoss' Hoffnung.

Europa bei Nacht, fotografiert 2012 von dem Satelliten Suomi NPP (benannt nach dem Meteorologen Verner Suomi) aus 824 Kilometer Höhe.

Die Erde im Fokus: Heute gibt es sehr viel schärfere Aufnahmen als zu den Apollo-Zeiten. Das Foto stammt vom Satelliten Suomi NPP und wurde aus Einzelbildern zusammengesetzt.

Der am besten erforschte Himmelskörper

Landschaft mit Struktur, kristallines Wasser und ein gewaltiger Schlag

Die Rückseite des Mondes, fotografiert vom Lunar Reconnaissance Orbiter. Das äußerst detailreiche Bild setzt sich aus einigen Tausend Einzelaufnahmen zusammen. Es gibt nur wenige dunkle Maria („Meere"), weil die Mondkruste auf der erdabgewandten Seite dicker ist.

Im gesamten Sonnensystem sind 175 Monde bekannt, zumindest wenn man sich auf die acht großen Planeten beschränkt. Die meisten Monde hat der Riesenplanet Jupiter, nämlich 69, Merkur und Venus sind hingegen mondlos. Der einzige Trabant der Erde kreist im Mittel in 384 400 Kilometer Abstand, sein Durchmesser beträgt 3476 Kilometer. Die Ausdehnung seiner Oberfläche übertrifft die Landfläche Afrikas immerhin um 15 Prozent. Nach der Erde ist der Mond der einzige planetare Körper, dessen innerer Aufbau weitgehend durch die Messung von Beben entschlüsselt wurde. Der sehr kleine Eisenkern wurde erst vor wenigen Jahren bei einer Neuauswertung dieser seismischen Daten aufgespürt. Aus dem Eisenmangel folgt eine geringere mittlere Dichte von nur 3,3 Gramm pro Kubikzentimeter (Vergleichswert Erde: 5,5).

Motor der Gezeiten

Ein Gespann wie die Erde mit ihrem recht großen Mond ist im Sonnensystem ungewöhnlich. Es wurde deshalb auch mit dem Begriff „Doppelplanet" tituliert, denn bei allen anderen Planeten sind die Monde bezogen auf ihren jeweiligen Heimatplaneten deutlich kleiner – er kommt immerhin auf fast 1,3 Prozent der Erdmasse. In rund 27 Tagen umrundet der Mond die Erde, die Drehung um seine eigene Achse dauert genauso lange. Diese gebundene Rotation sorgt dafür, dass er uns immer dieselbe Seite zuwendet. Ein Blick auf die Rückseite ist Mondfahrern und Raumsonden vorbehalten. Zwar erscheint der Mond am Nachthimmel silbrig-hell, doch ist seine Oberfläche tatsächlich dunkelgrau, sie strahlt nur 12 Prozent des Sonnenlichtes zurück. Die Schwerkraft des Mondes treibt die irdischen Gezeiten an, neben Ebbe und Flut gehören auch ein geringes Heben und Senken der festen Erdkruste dazu. Umgekehrt lösen die Gezeitenkräfte der Erde offenbar die lunaren Beben aus.

Der Mond ist der am besten erforschte Himmelskörper. Bereits mit bloßem Auge erkennt man dunkle Flecken, im Fernrohr entpuppen sie sich als Mare-Gebiete, wenngleich sie auf dem fast wasserlosen Mond nichts mit irdischen Meeren gemein haben. Diese Gebiete nehmen auf der Vorderseite 31 Prozent ein, auf der Rückseite nur 2 Prozent. Maria, so die Mehrzahl von Mare, sind erstarrte Lavadecken, die sich in großen kreisförmigen Becken oder in unregelmäßig geformten Senken gebildet haben. Solche Senken in der Mondlandschaft sind meist durch Einschläge im frühen Sonnensystem entstanden, etwa beim Mare Imbrium, (lateinisch: Meer des Regens), das den Norden der Vorderseite beherrscht, es ist das zweitgrößte Mare auf dem Mond. Seine Entstehung durch einen Einschlag datiert man vor etwa 3,8 bis 3,9 Milliarden Jahren. Nur das Mare Orientale auf der Mondrückseite ist noch jünger. Dort ist die Kruste übrigens deutlich dicker als auf der Vorderseite.

Das größte Mare, der Oceanus Procellarum, entstand vermutlich anders. Von Nord nach Süd erstreckt es sich über 2600 Kilometer, seine Fläche erreicht fast diejenige der EU. Schon länger sind rätselhafte langgestreckte Erhebungen am Rand des Oceanus bekannt. Um ihre Entstehung zu entschlüsseln, haben Planetenforscher gleichsam unter die lunare Oberfläche geschaut – mit den Messungen der GRAIL-Mission (Gravity Recovery and Interior Laboratory). Die beiden NASA-Sonden hatten 2012 den Mond in geringer Höhe umkreist, in einem gegenseitigen Abstand von etwa 200 Kilometern. Mit Hilfe von Mikrowellen erlaubte dies eine präzise Vermessung des lunaren Schwerefeldes. So wurde eine riesige rechteckige Struktur entdeckt, die vermutlich aus erstarrter Magma besteht. Sie lässt sich dadurch erklären, dass einst die von radioaktiven Isotopen wie Uran, Thorium und Kalium aufgeheizte Procellarum-Region schneller abkühlte als ihre Umgebung. Dabei haben thermische Spannungen die Mondkruste aufgerissen und das Aufquellen der Lava ermöglicht.

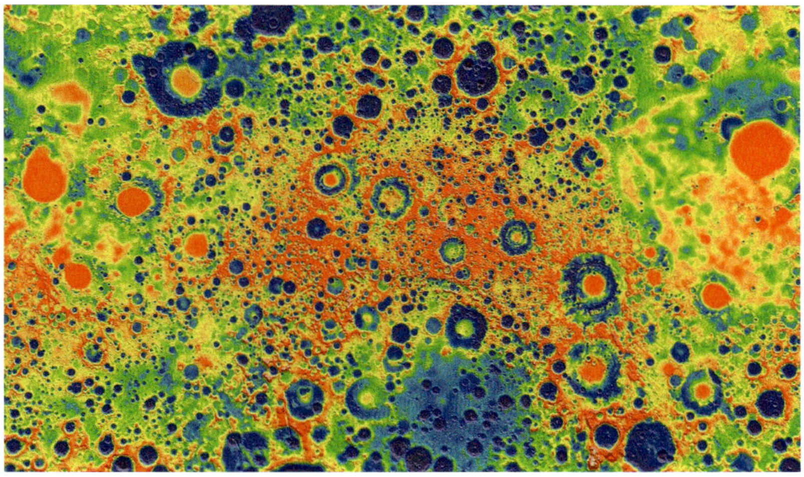

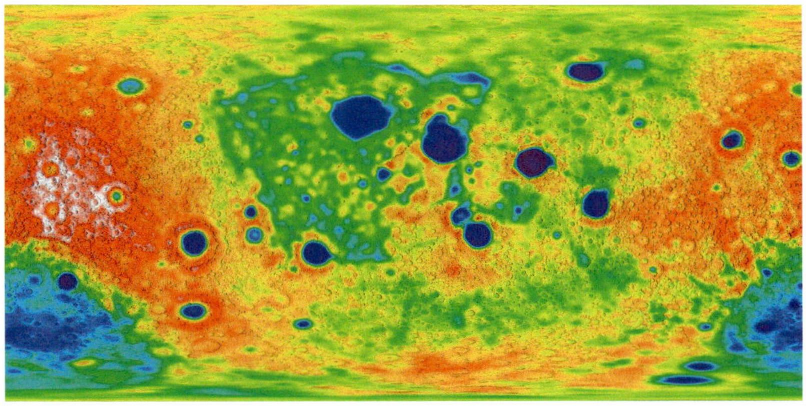

Lunare Gravitation (ganz oben, rot = stärker) und Krustendicke (rot = dicker), gemessen von der Sonde GRAIL.

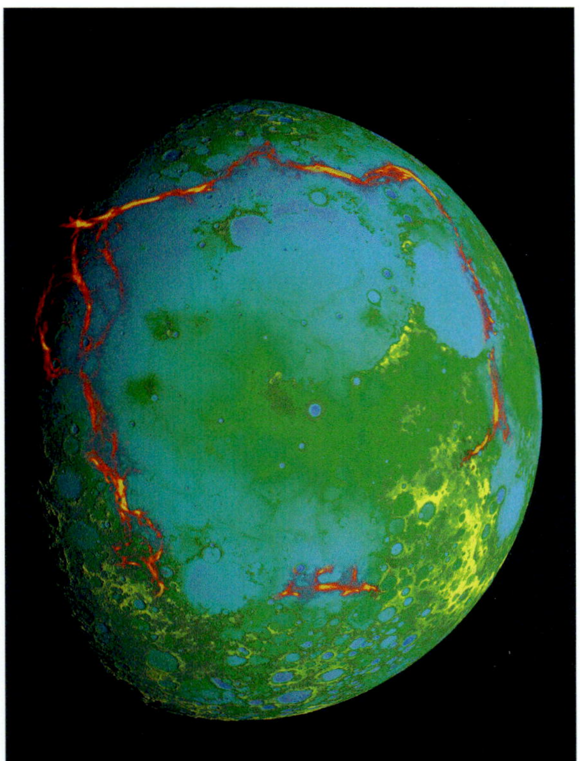

Oceanus Procellarum ist das größte Magmabecken auf dem Mond. Es wird von einer rechteckigen „Gravitationsanomalie“ (rot gefärbt) umgeben, die von Brüchen in der abkühlenden Kruste vor Jahrmilliarden stammt. Wahrscheinlich ist das Becken damals entstanden. Die anderen Farben markieren die Höhe (blau = am tiefsten).

Der größte Krater im Sonnensystem

Die größte Impaktstruktur im gesamten Sonnensystem ist das Südpol-Aitken-Becken auf der Mondrückseite. Das enorme Einschlagbecken misst etwa 2500 Kilometer im Durchmesser und ist bis 13 Kilometer tief; ein ausgeprägter Kraterrand fehlt. Analysen der Daten der US-Sonden Clementine und Lunar Prospector lassen vermuten, dass im Aitken-Becken ein sehr großer Einschlagskörper die Mondkruste durchschlagen und wahrscheinlich Mantelgesteine freigesprengt hat. Nach dem Impakt wurde das Becken nach und nach durch weitere Einschläge mit zahlreichen Kratern überdeckt.

Die helleren Hochländer (Terrae) haben deutlich mehr und größere Krater als die Mare. Mehrere Bergketten, oft nach irdischen Gebirgen benannt, liegen in den Terra-Gebieten. Ein Beispiel sind die Montes Alpes, die Mond-Alpen, die das Mare Imbrium nordöstlich begrenzen und bis zu 3,6 Kilometern aufragen. Der höchste Mondberg ist mit 5,5 Kilometern Mons Huygens.

Wie viele Krater hat der Mond? Das hängt davon ab, bis zu welchem Durchmesser man zählt. Es gibt nämlich viel mehr kleine Krater als große. Legt man die Grenze beispielsweise bei 20 Kilometern, so ergibt eine globale Zählung bereits 11 000. Wobei die Rückseite mehr Krater aufweist als die Vorderseite, ein Hinweis auf ihr höheres durchschnittliches Alter. Das Größenspektrum der Einschlagskrater reicht von gewaltigen Einschlagbecken bis zu winzigen mikroskopischen Exemplaren. Einige große Krater sind von sternförmigen Strahlen umgeben, besonders auffällig ist der südliche Krater Tycho (Durchmesser 86 Kilometer), seine Strahlen sind bis zu 1500 Kilometer lang. Die lunaren „Dome" interpretieren die Forscher als Pendant zu den irdischen Schildvulkanen. Das sind rundliche, einige hundert Meter hohe Erhebungen mit nur mäßigem Anstieg. Typische Exemplare messen 8 bis 12 Kilometer im Durchmesser, gelegentlich auch 20 Kilometer.

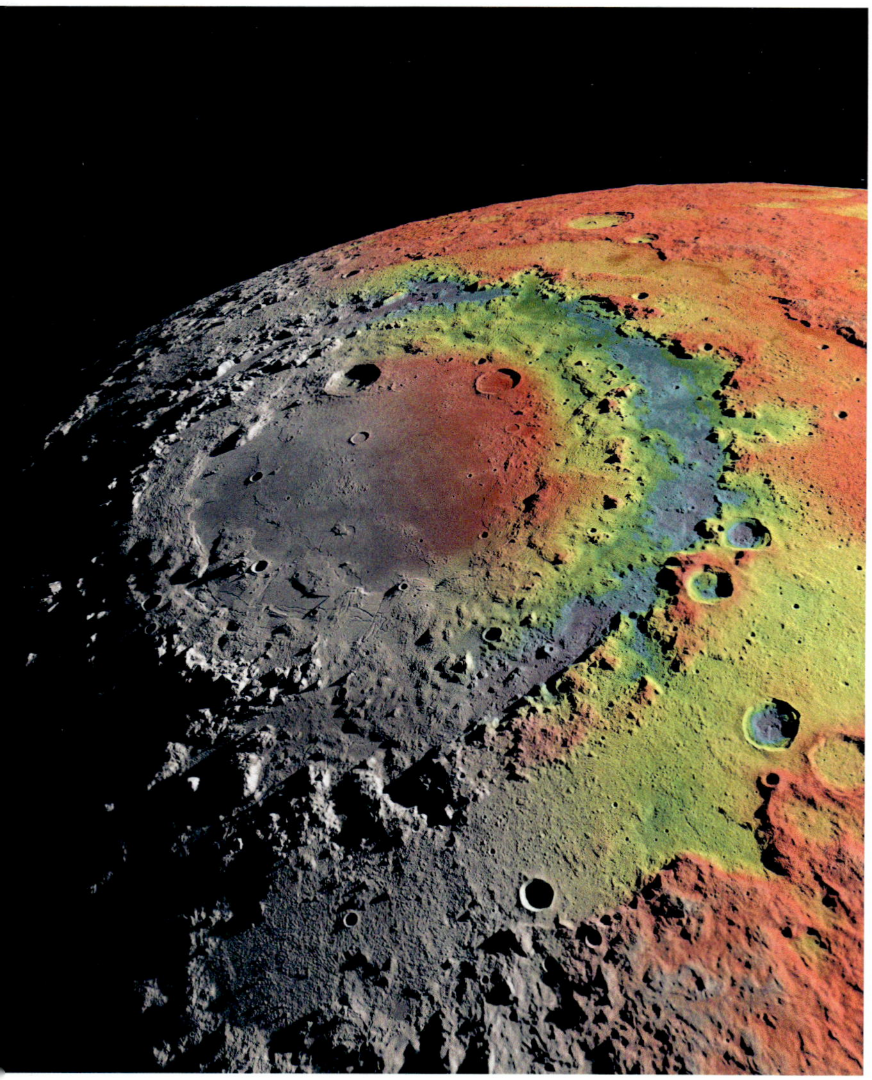

Das 930 Kilometer große Orientale-Einschlagsbecken entstand vor 3,8 Milliarden Jahren. Das Bild ist kein Foto. Die Reliefdarstellung links basiert auf Höhenmessungen von den Sonden LRO und Selene, der farbige Bereich rechts auf Schwerefeldmessungen der Sonde GRAIL (rot = stärker).

Wasser in Apollo-17-Proben

Jahrzehntelang waren sich die Planetologen einig: Der Mond, so hatten es die Analysen des Mondgesteins ergeben, ähnelt chemisch weitgehend dem Erdmantel. Dies gelte allerdings nicht für die flüchtigen Substanzen wie Wasser, das es auf dem Trabanten nur extrem wenig gibt. Vor einigen Jahren haben mehrere Raumsonden auf der Mondoberfläche jedoch verbreitet die Signatur von Wasser gemessen. Bei einem weiteren Experiment schlug sogar eine Sonde gezielt in den Cabeus-Krater am Südpol ein. Diese Messungen ergaben ebenfalls, dass die aufgewirbelte Wolke neben Staub und Geröll auch Wasser enthielt – etwa hundert Kilogramm. Jüngere Analysen zeigen zudem: Auch Teile des Mondinneren sind tatsächlich feuchter als früher angenommen.

Das Forscherteam um Erik H. Hauri von der Carnegie Institution of Science untersuchte dazu kleine, glasartige „Perlen", die aus einer auffälligen orangefarbenen Bodenprobe der Apollo-17-Mission stammen. Sie enthalten kristallines Olivin, ein gesteinsbildendes Mineral. Solche Kristalle können wiederum winzige Einschlüsse aus ehemals geschmolzenem Magma beherbergen. Diese „Schmelzeinschlüsse" stammen aus dem Mantel des Mondes und gelten als eine Art Tresor für das darin enthaltene Wasser. Selbst bei explosiven vulkanischen Eruptionen bleibt es quasi verlustfrei im Kristallgitter eingeschlossen.

Als die Mondfähre von Apollo 11 im Sommer 1969 heimwärts flog, hatte sie knapp 22 Kilogramm Mondgestein an Bord. Neil Armstrong und Buzz Aldrin hatten es im Meer der Stille eingesammelt. Auf der Erde warteten Planetenforscher sehnsüchtig auf die Proben, denn erstmals bot sich die Gelegenheit, den Mond direkt im Labor unter die Lupe zu nehmen. Auch deutsche Labors begannen bereits wenige Wochen später mit der Arbeit. Seitdem untersuchen bis heute Kosmochemiker aus aller Welt die Mondsteine. Inklusive der Proben der letzten bemannten Mission, Apollo 17,

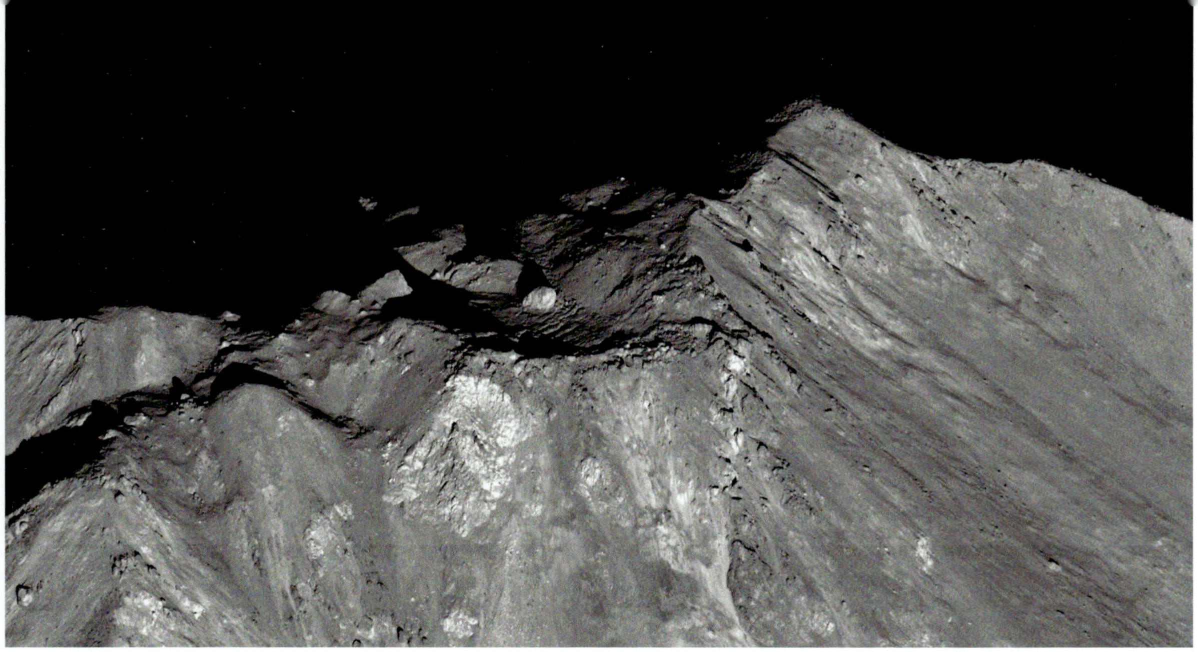

Schroff und schattig: Zentralberg im Krater Tycho, aufgenommen vom Lunar Reconnaissance Orbiter (LRO). Der hell beleuchtete Felsbrocken in der Mitte ist 100 Meter groß.

bringt der gesamte Gesteinsfundus immerhin 382 Kilogramm auf die Waage. Und die Analysen zeitigten unerwartete Konsequenzen: Alle Erklärungsversuche zur Mondentstehung aus der Vor-Apollo-Ära waren mit der frappierenden chemischen Ähnlichkeit zwischen Erd- und Mondgestein unvereinbar.

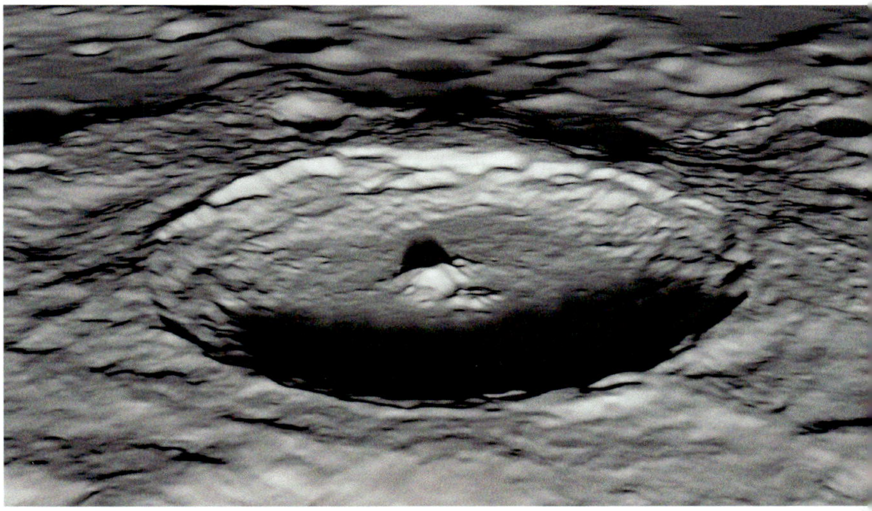

Krater Tycho, aufgenommen vom LRO. Der Zentralberg ist etwa zehn Kilometer hoch.

Theias fataler Aufprall

Nach längerer Ratlosigkeit begann Mitte der 1980er-Jahre dann der Siegeszug eines Kollisions-Szenarios, des sogenannten Giant Impact. Demnach krachte ein Urplanet in die heranwachsenden Erde, sein Durchmesser soll dem des Mars geähnelt haben: also rund 6800 Kilometer. Theia, so der Name des hypothetischen Impaktors, wurde beim Aufprall völlig zerstört. Ihre Trümmer wurden in die Erdumlaufbahn katapultiert. Dort vermischten sich die Brocken mit abgesprengtem Gestein des Erdmantels. Zwar ballte sich der Mond dem Szenario zufolge aus beiden Gesteinssorten zusammen, den Löwenanteil soll jedoch Theia beigesteuert haben. Womöglich war der gewaltige Urzeit-Crash noch heftiger als anfangs angenommen, darauf deuten jedenfalls jüngere Untersuchungen aus der Schweiz hin.

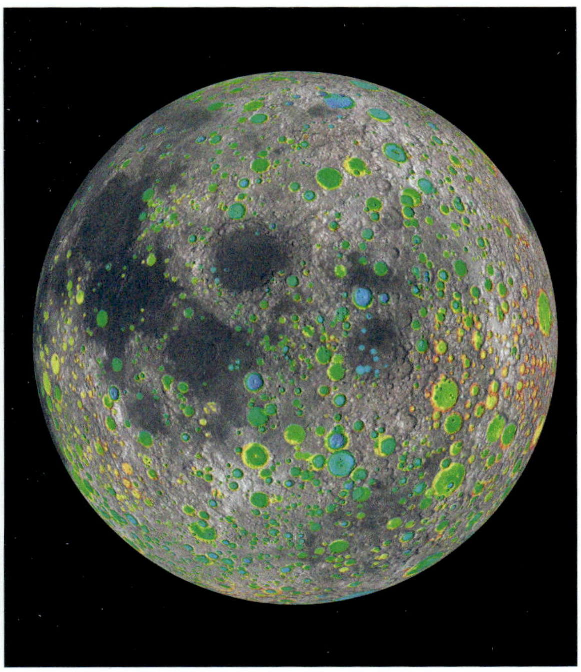

Kraterzählung mit LRO: Es gibt über 11 000 größer als 20 Kilometer. Die Farben symbolisieren die Höhe (gelb = Mond-Durchschnittswert, grün = zwei und blau = vier Kilometer tiefer).

Das heutige Erde-Mond-System als Folge einer Kollision im Computer nachzustellen ist schwierig, denn die komplexe Physik während der planetaren Karambolage muss realistisch beschrieben werden. Wissenschaftler um Andreas Reufer, ehemals Universität Bern, und seine Kollegen von der ETH Zürich schilderten dazu in der Fachpresse ihre Modellrechnungen. Die Forscher simulierten dabei Urerde und Theia durch insgesamt eine halbe Million Einzelmassen; die kreisenden Trümmer, also der Rohstoff für den zukünftigen Mond, wurden immerhin durch 10 000 „Partikel" repräsentiert.

Für glaubhafte Ergebnisse muss die Simulation wichtige Kenngrößen von Erde und Mond widerspiegeln: Beispielsweise soll der gesamte Drehimpuls beider Himmelskörper korrekt berechnet werden, wozu insbesondere die Dauer der Erdrotation und die Masse der Trümmerscheibe wichtig sind. Darüber hinaus sollte das Computermodell eine Erklärung liefern, warum die Dichte der Erde viel höher ist als diejenige des Mondes. Zwar ist der rechnerische Aufwand für solche Simulationen immens, doch Supercomputer können die Herkulesaufgabe stemmen.

Kollision mit 15 Kilometer pro Sekunde

Dem Schweizer Szenario zufolge rasten beide Urplaneten mit rund 15 Kilometern pro Sekunde aufeinander zu. Ebenso wie die Urerde war auch Theia zu diesem Zeitpunkt bereits entwickelt, das heißt, ihre Eisenanteile hatten sich als Schmelze in einem Metallkern im Zentrum des Urplaneten gesammelt. Nach dem Aufprall gelangte nur wenig von Theias zertrümmertem metallischen Kern in der Umlaufbahn der Erde, das meiste Metall sank in den Erdkern ab. Deshalb ist die Monddichte heute deutlich geringer als diejenige der Erde. Durch die Wucht der Kollision wurde die Erde bis tief ihren Mantel hinein um tausende Celsiusgrade mehr erhitzt als in den früher simulierten langsameren Giant-Impact-Kollisionen.

Die Unterschiede zu den klassischen Rechnungen betreffen weitere wichtige Details: „Während man früher annahm, dass Theia die Erde nicht zentral, sondern eher wie bei einem Streifschuss traf, werden nun auch etwas zentralere Zusammenstöße betrachtet", erklärt Reufer. „Zweitens legen wir eine höhere Kollisionsgeschwindigkeit zugrunde als es bislang der Fall war. Und drittens ist Theia in manchen der neuen Simulationen noch massereicher, wir veranschlagen bis zum Doppelten der Marsmasse", so der Physiker.

In ihrer Summe bedeuten die neuen Annahmen einen heftigeren Planeten-Crash, und das hat Konsequenzen: Ein höherer Anteil des Theia-Gesteins wird auf Nimmerwiedersehen ins All geschleudert. Zurück bleibt eine Scheibe aus sehr heißen Fragmenten, aus denen sich später der Mond zusammenballen wird. Der Züricher Kosmochemiker Matthias Meier resümiert: „In dem neuen Szenario kann für die Mondbildung ein deutlich höherer Anteil aus dem Erdmantel abgezweigt werden als mit der herkömmlichen Theorie."

Die frappierende chemische Ähnlichkeit zwischen Mond und Erdmantel, insbesondere bei den Sauerstoff-Isotopen, erklärt sich so natürlicherweise, da die um die Erde kreisenden Trümmer hauptsächlich aus irdischem Mantelgestein bestanden. Die klassische Giant-Impact-Theorie verlangt hingegen, dass der Mond zu 80 Prozent aus Theia-Material besteht. Dann müsste Theia aber fast die gleiche Zusammensetzung gehabt haben wie die Erde. Dies ist jedoch unwahrscheinlich, da Meteorite und andere Himmelskörper ganz andere Isotopen-Verhältnisse haben als die Erde – auch Erde und Theia dürften folglich chemisch unterschiedlich gewesen sein. Im Schweizer Szenario dürfen sie das auch, denn die Zusammensetzung Theias spielt eine deutlich geringere Rolle.

Der große Crash: Wahrscheinlich entstand der Mond aus den Trümmern, die bei der Kollision der Erde mit einem marsgroßen Planeten ins All gesprengt wurden. Die Illustration zeigt, was wohl vor mehr als 4,5 Milliarden Jahren geschah.

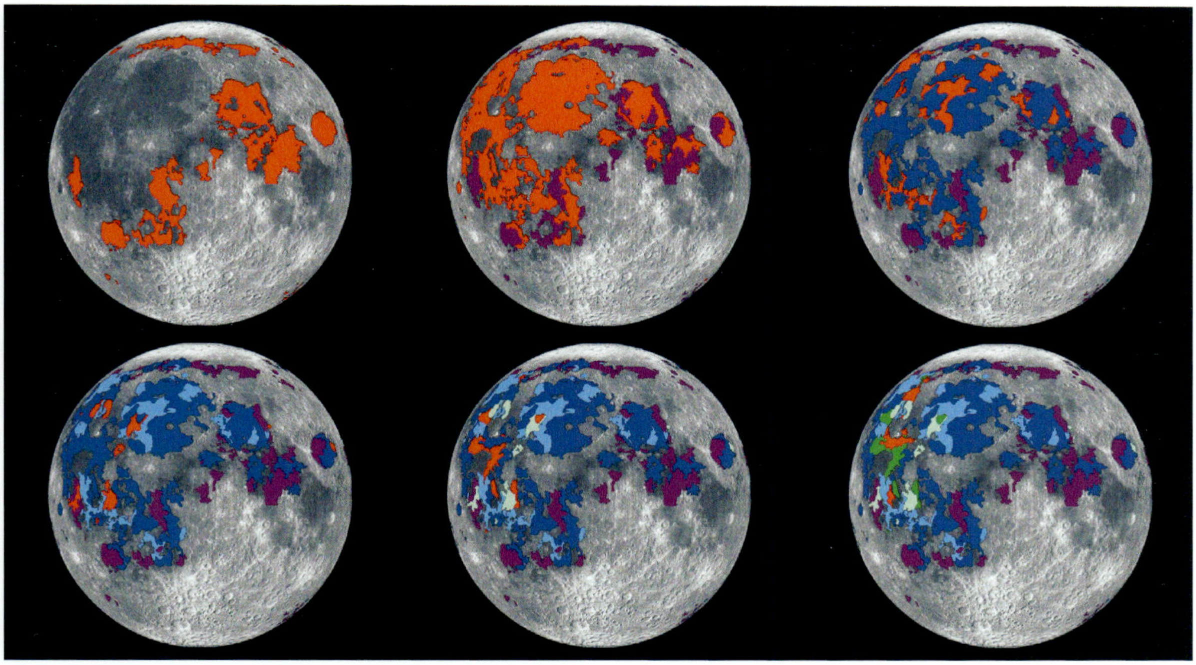

Lavaflüsse auf dem Mond vor 3,9, 3,0, 2,5, 2,0, 1,5 und 1,0 Milliarden Jahren (von links, rot = jünger als blau). Daraus schlossen Wissenschaftler, dass der Erdtrabant vor 3,5 Milliarden Jahren eine dünne Atmosphäre besaß – immerhin dichter als die des Planeten Mars heute.

Hauptsächlich aus Erdgestein

Und was sagen die Forscher dazu, die einst mit ihren Computerrechnungen der Impact-Theorie zum Durchbruch verhalfen? Erik Asphaug, heute an der University of California in Santa Cruz, begrüßt den neuen Ansatz als clevereren Schachzug, das Mantelgestein von Theia auf einen Fluchtkurs zu beschleunigen. Auch das höhere Kollisionstempo hält er für realistischer: „Mich hat es immer irritiert, dass im klassischen Modell die denkbar langsamste Geschwindigkeit angenommen wurde", so der Experte für planetare Kollisionen.

Gleichwohl decken solche Rechnungen nur die erste Phase des Zusammenstoßes ab, wie lange die um die Erde schwirrenden Brocken tatsächlich brauchten, um sich zum Mond zu formieren ist immer noch unklar. Zeiträume von etwa tausend Jahren werden genannt. Als gesichert gilt hingegen: Direkt nach der Mondgeburt waren sich Erde und Mond sehr nah, unser Trabant schien am Himmel fast 20-mal größer als heute.

Auch nach der gewalttätigen Mondgeburt kam es offenbar zu weiteren engen Begegnungen von Erde und Mond mit größeren planetaren Körpern. Denn die aktuelle Schiefstellung der Mondbahn – sie beträgt rund fünf Winkelgrade – ist allein durch das Giant-Impact-Szenario kaum zu erklären. Mit Simulationsrechnungen konnten Forscher jüngst jedoch zeigen, dass durch eine Abfolge von Beinahe-Kollisionen, die das Erde-Mond-System heimsuchte, die Bahnneigung des Mondes erklärbar wird. Auch das Wasser in den Apollo-17-Proben ist im Impact-Szenario eher rätselhaft. Denn bei den hohen Temperaturen dieser Katastrophe hätte eigentlich fast alles Wasser aus den Gesteinstrümmern verdampfen müssen. Womöglich waren nach dem Einschlag die geschmolzene Erde und die im Erdorbit kreisende Trümmerwolke noch eine Weile in Kontakt, indem sie flüchtige Substanzen austauschten.

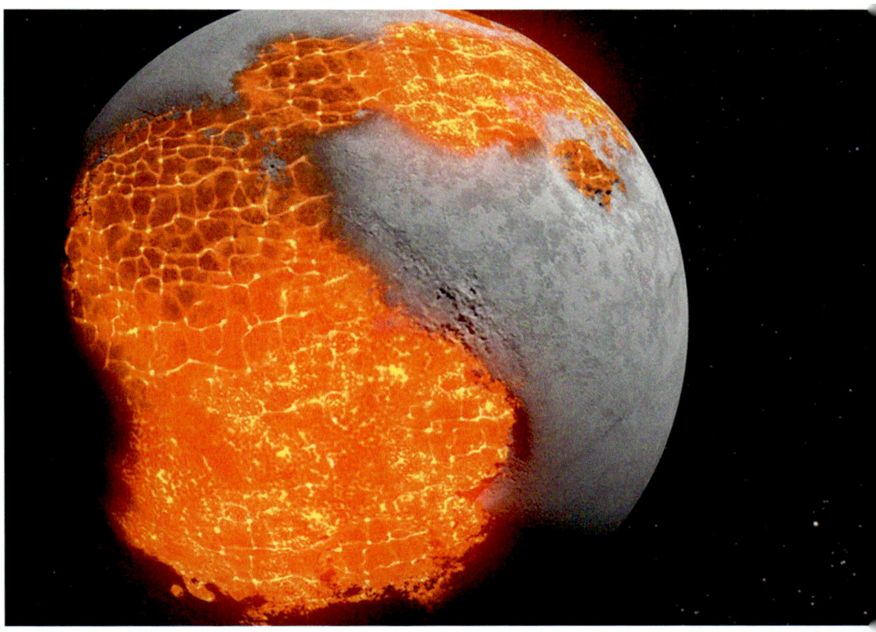

Computersimulationen der Konvektion im lunaren Magmaozean (farbig im Bild) zeigen, dass das einstige Magnetfeld des Mondes wohl von diesen Bewegungen erzeugt wurde – und nicht im zunächst flüssigen Kern.

Stabilität für das Klima

Der Mond ist für die Erde etwas ganz Besonderes – selbst im kosmischen Maßstab.

Das Deep Space Climate Observatory umkreist die Erde in 1,5 Millionen Kilometer Distanz, sodass der Satellit auch die sonnenbeschienene Mondrückseite immer wieder im Vordergrund mitfotografieren kann.

Ohne Mond wäre die Geschichte des Lebens auf der Erde anders verlaufen und die Evolution des Homo sapiens hätte sich höchstwahrscheinlich nicht vollzogen. Insofern verdanken wir Menschen unsere Existenz auch dem Erdtrabanten. Denn er hat das Klima und somit die ökologischen Randbedingungen entscheidend geprägt und tut es noch. Das hat nichts mit astrologischem Hokuspokus zu tun, sondern ist das Resultat harter Himmelsmechanik. Entscheidend dabei ist die Schiefstellung der Erdachse relativ zu ihrer Bahnebene.

Der Winkel zwischen der Rotationsachse der Erde und der Ekliptik beträgt 23,5 Grad relativ zum Äquator – und daraus resultieren die Jahreszeiten. Allerdings ist dieser Winkel nicht konstant. Er schwankt im Lauf der Jahrtausende zwischen 22,1 und 24,5 Grad.

Die Ursache für diese Variabilität ist überwiegend der Schwerkrafteinfluss von Jupiter und Saturn. Obwohl diese Riesenplaneten weit entfernt sind, ist ihre Masse groß genug, um irdische Auswirkungen zu haben. Ihr gravitativer Effekt auf den Mars ist allerdings beträchtlich stärker. Seine Achse hat gegenwärtig eine Neigung von 25,2 Grad, ähnlich wie die Erde, sie schwankt jedoch zwischen 0 und 60 Grad. Dies hat regelrechte Klimakapriolen zur Folge: Je stärker die Neigung, desto heißer sind die Sommer und desto bitterer die Winter. Das wäre auch auf der Erde der Fall, hätte die Gravitation des Mondes nicht einen mäßigenden Einfluss.

Starker Wandel auf dem Mars

Auf diesen Aspekt haben drei Astronomen um Jacques Laskar vom Bureau des Longitudes in Paris hingewiesen. 1993 veröffentlichten sie in der Fachzeitschrift *nature* einen Artikel mit dem Titel *Stabilization of the Earth's obliquity by the Moon*. Ihre Rechnungen zeigten, dass die Erdachse ohne Mond in langen Zeiträumen chaotisch schwanken würde – ihre Neigung könnte Werte zwischen 0 bis 84 Grad einnehmen! Die Auswirkungen aufs Klima wären dann so verheerend wie beim Mars. Dessen Kleinmonde Phobos und Deimos besitzen eine viel zu geringe Masse, um die Planetenachse am Kippen zu hindern – in der Vergangenheit änderte sich sein Klima immer wieder drastisch. Kurzum: Der Hypothese von Laskar und seinen Kollegen zufolge stabilisiert der Mond die Erdachse. Ohne ihn wäre die geologische und biologische Entwicklung unseres Planeten ganz anders verlaufen.

Im Jahr 2012 haben Jack Lissauer vom NASA Ames Research Center, Jason Barnes von der University of Idaho und John Chambers von der Carnegie Institution for Science diese Hypothese mit genaueren Computersimulationen überprüft. In ihrem Fachartikel *Obliquity variations of a moonless Earth*, publiziert in der Zeitschrift *Icarus*, wiesen sie nach, dass die Achsenvariation einer mondlosen Erde nicht ganz so enorm wäre, wie die Franzosen ausgerechnet hatten. „Es stimmt zwar, dass die Klimaschwankungen stärker ausfallen als auf der realen Erde. Doch bei den Zeiträumen, die für die Astrobiologie interessant sind, wären die Klimaschwankungen einer mondlosen Erde viel kleiner als in früheren Studien berechnet", schrieben die Forscher.

Trotzdem wäre der Effekt beträchtlich: Um 20 bis 25 Grad binnen 100 000 Jahren würde die Achsenneigung variieren, und noch mehr in einem Zeitraum von Milliarden Jahren. Allerdings gäbe es auch immer wieder vergleichsweise ruhige Zeitabschnitte von einigen 100 Millionen Jahren, in denen sich die Schwankungen zwischen 17 und 32 Grad einpendelten. Daher, so die Schlussfolgerung Lissauers, könnten zehn- bis hundertmal so viele lebensfreundliche Planeten in der Milchstraße existieren, als aus Laskars Abschätzungen geschlossen wurde. Das ändert jedoch nichts daran, dass der Mond für die Entwicklung des Lebens auf der Erde ein Glücksfall ist.

So fern, und doch nicht losgelöst: Die Schwerkraft des Mondes stabilisiert die Erdachse. (Vorne: Mount Brooks, Alaska.)

Leben im Takt des Mondes

Viele Meerestiere pflanzen sich im Rhythmus des Mondes fort – wie steht es mit uns Menschen?

Schilfrohr und Vollmond: Auch Pflanzen und Tiere sind den Einflüssen unseres Trabanten ausgesetzt.

An kalifornischen Stränden lässt sich nachts ein faszinierendes Schauspiel beobachten: Der Landgang des Grunion. Der bis zu 20 Zentimeter lange Fisch wickelt nämlich seinen Laich an Land ab – und zwar nur bei Neu- und bei Vollmond. Zwischen März und August lässt er sich bei diesen Springflut-Konstellationen an Land spülen. Mit dem Schwanz voran graben sich die Weibchen bis zur Brustflosse in den Sand. Dort legen sie ihre Eier. Mehrere Männchen winden sich um das Weibchen und befruchten das Gelege, indem sie ihre Samenmilch in den Sand fließen lassen. Mit den zurückweichenden Wellen gelangen die Fische dann zurück ins Wasser. Und einen halben Mondumlauf später, also zur nächsten Springflut, trägt die Tide auch den Nachwuchs ins Meer.

Im Golf von Neapel vollzieht sich immer zu Neumond ein ähnliches Spektakel: das Ausschwärmen des Meeresringelwurms *Platynereis dumerilii*. Eigentlich wohnen die drei bis vier Zentimeter langen Tierchen auf Algen am Meeresgrund, doch in der Neumondnacht schwimmen beträchtliche Mengen zur Wasseroberfläche. Von Botenstoffen angelockt, umschwimmt das Männchen ein Weibchen, beide umkreisen sich. Spermien und Eizellen werden einfach ins Meerwasser abgegeben. Damit die Fortpflanzung der Ringelwürmer erfolgreich ist, müssen sich genügend erwachsene Tiere treffen. Dafür wird ein Zeitgeber gebraucht: das Mondlicht. Der Wurm registriert es mit seinen lichtempfindlichen Zellen und kann so dem lunaren Lichtwechsel folgen.

Offenbar vollziehen sich biologische Prozesse im Takt der Mondphase. Wie stark beeinflusst der Mond uns Menschen? Mond-Ratgeber schwimmen genau auf dieser Welle. Sie versprechen mehr Erfolg – vorausgesetzt man beachtet die vorgeblich uralten Weisheiten, die mit teils astrologischen Versatzstücken begründet werden. Den Startschuss dieses Mondfiebers gab der Bestseller *Vom richtigen Zeitpunkt*, mit dem Johanna Paungger und Thomas Poppe 1991 einen Kassenschlager landeten. Seitdem ständig aktualisiert und von anderen Autoren kopiert, begründete das Buch eine Art neuer Bewegung, die in puncto Gesundheit, Garten, Forsten und Haushalt, im Grunde überall, das Wirken des Erdtrabanten am Werk sieht.

Wunschkinder mit Hilfe des Mondes?

Meinungsforscher haben die Neigung der Deutschen ermittelt, an die Macht des Mondes zu glauben. Eine aktuelle Erhebung des Allensbach-Instituts ergab, dass in Deutschland 27 Prozent der Männer und jede zweite Frau glauben, dass der Vollmond den Nachtschlaf beeinträchtigt; vor 50 Jahren waren es nur 23 und 21 Prozent. Auch der Glaube an alle möglichen lunaren Einflüsse ist keineswegs selten: Einer Forsa-Umfrage zufolge gaben 16 Prozent der Befragten an, beim Umgang mit Obst und Gemüse zum Mondkalender zu greifen. Immerhin 9 Prozent holen sich darin Tipps für Friseurtermine und 7 Prozent suchen Hilfe bei der Terminierung von Arztbesuchen oder Operationen. Ein beachtlicher Markt, den Autoren und Verlage bedienen.

Aber wirkt der Mond womöglich doch, zumindest bei der Liebe? Zweifellos ist der weibliche Zyklus mit seinen 28 bis 30 Tagen dem Mondmonat frappierend ähnlich. Denn anders als die eigentliche Umlaufdauer von 27,3 Tagen währt der auf die Erde bezogene Umlauf des Trabanten gut zwei Tage länger (29,5 Tage), da die Erde währenddessen auf ihrem Sonnenumlauf ebenfalls ein Stück vorangekommen ist.

Ein Buchklassiker dazu stammt von der Autorin Louise Lacey. Die Amerikanerin behauptet darin: Vor der Elektrifizierung wäre der weibliche Menstruationszyklus mit dem Lichtwechsel des Mondes synchronisiert gewesen, eine heute nur schwer beweisbare These. Zur Geburtenplanung empfiehlt Lacey ein völlig abgedunkeltes Schlafzimmer, in den drei Nächten um Vollmond soll jedoch ein schwaches Lämpchen das Mondlicht simulieren. Nach einigen Monaten stelle sich dann angeblich der Eisprung auf die Vollmondnacht ein. Wissenschaftlich bewiesen ist das freilich nicht. Denn ob Zyklus und Mondumlauf überhaupt korrelieren, kann die Forschung trotz zahlreicher Studien noch immer nicht klar beantworten.

Der Mond steuert den Paarungsrhythmus des Meeresringelwurms.

Der Grunion bei der Abgabe seiner Samenmilch. Dies geschieht stets bei Neu- oder Vollmond.

Der Erdtrabant im Spiegel der Kultur

Visionäre Mondreisen: Jules Verne beschrieb einen Raketenflug zum Mond bereits 1865 einigermaßen realistisch (unten); im ersten Band der Science-Fiction-Romanserie *Perry Rhodan*, erschienen 1961, fand die Mondlandung 1971 statt – später als in Wirklichkeit.

Mondreise auf dem Plüschsofa

Vom Mythos zum Zukunftsroman: Fiktive Flüge in der Literatur

Jules Verne, der letzte seherische Schriftsteller. Was er ersann, ist Wirklichkeit geworden", notierte der französische Dramatiker Eugène Ionesco schon früh in sein Tagebuch. Und Verne war sich den mutmaßlichen Verwirklichungsmöglichkeiten seiner Visionen durchaus bewusst, wie diese Stelle aus einem Brief an seinen Vater deutlich macht: „Ich schrieb dir neulich, mir wären ein paar unwahrscheinliche Dinge in den Sinn gekommen. In Wirklichkeit waren sie gar nicht unwahrscheinlich. Alles, was sich der Mensch vorstellen kann, werden andere Menschen realisieren können." Dieser kühne Optimismus ist sicherlich nicht zwingend. Doch die prophetische Gabe von Jules Verne mag tatsächlich erstaunen: In seinen Romanen *Von der Erde zum Mond* (*De la Terre à la Lune*, 1865) und *Reise um den Mond* (*Autour de la Lune*, 1870) hat er scheinbar realistisch die Apollo-Flüge vorweggenommen – einschließlich des Starts in Florida und der Wasserung der Rückkehrkapsel im Meer. Dass die Rakete von einem Kanonenclub mit Schießbaumwolle gestartet wurde und es Vernes Helden auf ihrem Plüschsofa wesentlich bequemer hatten als die US-Astronauten, mag man als Kuriosität durchgehen lassen. Seine fiktiven Reiseberichte zum irdischen Nord- und Südpol und zum Meeresgrund sind inzwischen ebenfalls längst von der Wirklichkeit überholt worden.

Satire und Science-Fiction

Schon Plutarch spekulierte in seiner Schrift *Das Mondgesicht* (*De Facie In Orbe Lunae*) vor dem Hintergrund der damaligen naturphilosophischen Meinungen über Gegebenheiten auf dem Mond einschließlich der von der Erde aus sichtbaren Helligkeitsunterschiede; er zitierte auch Aristarch von Samos, der bereits die Sonne, nicht die Erde, im Zentrum des Sonnensystems vermutete. In dem fiktiven Gespräch, das irgendwann nach dem Jahr 75 in oder bei Rom stattfand, lässt Plutarch seine Hauptperson Lamprias auch von einem – wohl von Platon inspirierten – Mythos berichten: Danach leben auf dem Mond die Seelen der Verstorbenen, bevor sie sich wieder mit neu geborenen Leibern auf Erden verbinden. So gesehen thematisierte bereits Plutarch Reisen zum Mond, der seinen kosmischen Sinn sozusagen als Wartesaal der Seelen hat, auch wenn unerwähnt blieb, wie diese denn dorthin gelangten.

Lukian von Samosata erzählte einige Jahrzehnte später in seinen *Wahren Geschichten* (*Vera Historia*) aus dem 2. Jahrhundert, wie ein Boot durch eine Windhose in den Himmel geschleudert wurde und nach sieben Tagen zum Mond, dann zur Sonne und zu den Planeten segelt. Dabei kritisiert der Autor die irdischen Zustände mit bissiger Ironie.

Auch ein späteres Werk Lukians, der fiktive Dialog *Die Luftreise* (*Ikaromenippos*), handelt satirisch von einem Aufenthalt auf dem Mond.

Ganz ähnlich, aber über eineinhalb Jahrtausende später, flunkert der legendäre Baron von Münchhausen in einer seiner Lügengeschichten, wie er zum Mond gelangt war: auf einem Schiff von einem Orkan dorthin getrieben. „Endlich füllte ein frischer Wind unsere Segel, und nun gings mit unglaublicher Geschwindigkeit fort. Sechs Wochen waren wir über den Wolken gereiset, als wir ein großes Land entdeckten, rund und glänzend, gleichsam eine schimmernde Insel", lässt ihn Rudolf Erich Raspe (1786) berichten. Auch Dante Alighieri schilderte in seiner *Göttlichen Komödie* (*Divina Comedia*), (geschrieben 1309 bis 1321) seinen Flug zum Himmel: Begleitet von seiner gestorbenen Geliebten Beatrice besucht er den Mond, die Sonne und die Planeten.

Illustration zum Buch *Die Reise zu den Mondstaaten und Sonnenreichen* von Cyrano de Bergerac, posthum 1659 erschienen. Der Autor beschrieb seinen fiktiven Flug zum Mond mithilfe von Feuerwerkskörpern und übte ätzende Gesellschaftskritik – weshalb ihn seine Feinde wohl so sehr verletzten, dass er bereits mit 36 Jahren starb.

Der Mond als Ort der verlorenen Dinge

Ludovico Ariosto, ein Hofbeamter des Fürsten von Este in Oberitalien, veröffentlichte 1516 sein 46 000 Verse umfassendes Epos *Der rasende Roland* (*Orlando furioso*). Der hat aufgrund einer Liebesenttäuschung seinen Verstand verloren und agiert tollwütig. Sein Freund, der englische Prinz Astolfo, gelangt auf einem Hippogryphen – einem Mischwesen aus Pferd und Greif – in den Kristallpalast des Apostel Johannes; der berichtet, dass Rolands Verstand auf dem Mond ist. Deshalb reist der Herzog in einem von vier Flügelrossen gezogenen Wagen dorthin, wobei er den Feuergürtel um die Erde mithilfe der Gebete des Apostels überwindet. Er landet auf dem Mond, wo es Berge und Täler, Seen und Wälder, Häuser und Tiere gibt. Dort findet sich alles, was auf der Erde verloren ging – in einer Flasche auch der Verstand Rolands, den ihm Astolfo, auf die Erde zurückgekehrt, wieder einflößt.

Die Reise zu den Mondstaaten und Sonnenreichen (*Les États et Empires de la Lune* und *du Soleil*) von Savinien Cyrano de Bergerac (1657 und 1662 posthum erschienen) hat ebenfalls viele satirische Elemente. Der hier geschilderte Mondflug wird nicht mit Raketen realisiert (tatsächlich scheitert ein solcher Versuch sogar), sondern mit Ochsenmark, das mysteriöserweise vom Mond angezogen wird, und den Rücktransport übernimmt der Teufel persönlich.

Schon vorher (ab 1609) verfasste der Astronom Johannes Kepler, der kurz vor seinem Tod 1630 auch Plutarchs *Mondgesicht* ins Lateinische übersetzt und kommentiert hatte, seine Traumdichtung *Somnium – sive astronomia lunaris* (posthum 1634 erschienen). Es war die erste realitätsnahe astronomische Beschreibung; alle Reisen zuvor waren reine Phantasieprodukte. Zwar musste auch Kepler, der noch keinen Raketenantrieb als Transportmittel kannte, in einen Traum plus Geisterbeschwörung ausweichen. Aber er unterschied in seiner Schrift deutlich zwischen Fakten und undenkbaren allegorischen Möglichkeiten. Er erörterte die körperlichen Belastungen bei der Beschleunigung, die Atemnot, den Hitzeschutz, bedachte die kinematischen Vorgänge am Himmel des sich in gebundener Rotation befindenden Erdtrabanten und hatte eine erste Ahnung vom Schwerkraftfeld der Erde und des Mondes. Die Landschaft und Lebewesen dort waren wiederum rein phantastisch.

Der Mond steht auch am Beginn eines modernen Epos: der von Karl-Herbert Scheer und Walter Ernsting alias Clark Darlton wöchentlichen Romanheft-Fortsetzungsserie *Perry Rhodan* (früher mit dem Untertitel: „Der Erbe des Universums"). Von ihr wird 2019 Band 3000 erscheinen. In der ersten Nummer vom September 1961, *Unternehmen „Stardust"*, landete der Titelheld als erster Mensch auf dem Mond (fiktiv im Jahr 1971, die Realität war also schneller) und stieß dort auf ein gestrandetes Raumschiff des außerirdischen Volks der Arkoniden. Das war, nach der Verhinderung des Dritten Weltkriegs, der Ausgangspunkt einer politischen Vereinigung der Menschen, die daraufhin als Terraner ins Sonnensystem aufbrachen, zu anderen Sternen und schließlich sogar in den intergalaktischen Raum jenseits der Milchstraße.

Sehnsüchtiger Blick: Das Gemälde *Die Sentimentale* von Johann Peter Hasenclever (1846).

„Reich nur durch den Mond“

Liebeslampe, Sehnsuchtssymbol und blutiges Eisen – der Erdtrabant im Spiegel der Dichtung

Der Mond spielt in vielen Mythen, Märchen und Gedichten eine wichtige Rolle. Das ist nicht nur im europäischen Sprachraum der Fall, sondern beispielsweise auch in Ostasien – mit beträchtlichen kulturellen Unterschieden in der Symbolik und in den Kunstformen selbst. So ist das traditionelle japanische Haiku die kürzeste Gedichtform der Welt. Sie besteht in der Regel aus drei zeilenweise angeordneten Wortgruppen mit fünf, sieben und fünf Lauteinheiten (Moren). Haiku haben stets einen Gegenwartsbezug sowie einen konkreten Inhalt, etwa eine verdichtete Beschreibung eines Natur- oder Alltagsereignisses, offenbaren aber in einer zweiten Ebene oft auch eine spirituelle Bedeutung.

Ein Haiku von Joseki lautet in deutscher Übersetzung: „Ich will auf ihr spielen, / jetzt, wo der Mond und ich / ganz alleine sind.“ Das Spiel auf der dreizehnsaitigen japanische Zither (Koto) hat für Künstler eine meditative Bedeutung, eröffnet es doch eine Möglichkeit, sich ins Dao (Weg, Prinzip, Sinn) zu versenken und mit ihm eins zu werden.

Ein Haiku von Ryoka ist ein Beispiel dafür, wie der von China nach Japan gekommene Zen-Buddhismus die Haiku-Dichtung beeinflusst hat: „Decken auf dem Gras, / eine Nacht lang ohne Haus – / reich nur durch den Mond.“ Der Vollmond symbolisiert als leerer Kreis den Zen-Buddhismus mit seinem Streben nach der Befreiung von Anhaftungen; und das Verweilen außerhalb des Hauses unter dem freien Himmel meint eine Annäherung an den hauslosen Stand eines buddhistischen Mönchs.

Auch in einem Gedicht von Wang Wei steht der Mond als Symbol für den Zen-Buddhismus: „Einsam sitzend im tiefdunklen Bambushain, / Die Zither schlagend mit trällerndem Gesang, / Um diesen tiefen Wald wissen die Menschen nicht, / Nur der volle Mond kommt mit seinem Leuchten.“ Das Alleinsein bedeutet das stille Sitzen in der Meditation (Zazen).

Seelische Erhebung, Stille und Trost

Auf der anderen Seite des Globus dient der Mond ebenfalls der seelischen Erhebung, allerdings zu anderen Zwecken. Johann Wolfgang von Goethe wandte sich folgendermaßen *An den Mond*: „Füllest wieder Busch und Tal / Still mit Nebelglanz, / Lösest endlich auch einmal / Meine Seele ganz; / Breitest über mein Gefild / Lindernd deinen Blick, / Wie des Freundes Auge mild / Über mein Geschick. / [...] Was von Menschen nicht gewusst, / Oder nicht bedacht, / Durch das Labyrinth der Brust / Wandelt in der Nacht.“

Franz Grillparzer bedichtete eine ähnliche Hinwendung und wählte denselben Titel, doch sein lyrisches Ich hatte eine weitere Perspektive: „Wandle, wandle, holder Schimmer! / Wandle über Flur und Au, / Gleitend, wie ein kühner Schwimmer, / In des stillen Meeres Blau. / Sanft im Silberglanze schwebest / Du so still durchs Wolkenmeer, / Und durch deinen Blick belebest / Du die Gegend rings umher. / Manchen drücket schwerer Kummer / Manchen lastet Qual und Pein; / Doch du wiegst in sanften Schlummer / Tröstend ihn, voll Mitleid, ein. / Sanfter, als die heiße Son-

Prinzessin Kaguya kommt in den Mondpalast: Illustration (linkes Bild) des japanischen Märchens von Taiso Yoshitoshi (1888).

Chang'e steigt zum Mond empor: Illustration des chinesischen Märchens von Ren Shuai Ying (1955).

ne, / Winkt dein Schimmer Ruh und Freud, / Und erfüllt mit süßer Wonne, / Tröstung und Vergessenheit. / Hüllst in dicht bewachsnen Lauben / Mit der sanften Fantasie / Ganz den Dichter; machst ihn glauben, / Seine Muse weiche nie. / Und auch mich hast du begeistert, / Der ich dir dies Liedchen sang, / Meiner Seele dich bemeistert, / Da mein Lied sich aufwärts schwang!

Trost und Stille ist es auch, was Theodor Storm im *Mondlicht* ersehnt: „Wie liegt im Mondenlichte / Begraben nun die Welt; / Wie selig ist der Friede, / Der sie umfangen hält! / Die Winde müssen schweigen, / So sanft ist dieser Schein; / Sie säuseln nur und weben / Und schlafen endlich ein. / Und was in Tagesgluten / Zur Blüte nicht erwacht, / Es öffnet seine Kelche / Und duftet in die Nacht. / Wie bin ich solchen Friedens / Seit langem nicht gewohnt! / Sei du in meinem Leben / Der liebevolle Mond!"

Bei Clemens Brentano verbinden sich Liebe und Trost in der Mondlicht-Romantik ganz unmittelbar: „Sieh, dort kömmt der sanfte Freund gegangen, / Leise, um die Menschen nicht zu wecken, / Kleine Wölkchen küssen ihm die Wagen, / Und die schwarze Nacht muss sich verstecken. / Nur allein / Wer mit Pein / Liebt, den kühlet sein lieblicher Schein. / Freundlich küsset er die stillen Tränen / Von der Liebe schwermutsvollen Blicken, / Stillt im Busen alles Bange Sehnen, / Alles Leiden weiß er zu erquicken."

Ein ähnliches Motiv findet sich in *Süßer Mond* von Heinrich Heine, allerdings schon aus der Differenz irdischer Pein und himmlischer Sehnsucht heraus: „Nacht liegt auf den fremden Wegen, / Krankes Herz und müde Glieder; / Ach, da fließt wie stiller Segen, /

Aufgehender Mond am Fluss: Zeichnung von Johann Wolfgang von Goethe mit brauner Kreide auf Papier.

Süßer Mond, dein Licht hernieder. / Süßer Mond, mit deinen Strahlen / Scheuchest du das nächt'ge Grauen; / Es zerrinnen meine Qualen, / Und die Augen übertauen."

In der melancholischen Lyrik von William Butler Yeats kommt der Mond immer wieder vor – und nicht nur als ferner Himmelskörper. Er spiegelt Stimmungen des lyrischen Ichs ("I carry the sun in a golden cup, / The moon in a silver bag"), schlägt die Brücke zum Du ("I looked upon the moon, / Longing to knead and pull it into shape / That I might lay it on your head as a crown") und wird zum Sujet einer philosophischen Anthropologie ("A starlit or a moonlit dome disdains / All that man is, / All mere complexities, / The fury and the mire of human veins").

Annette Freiin von Droste-Hülshoff nahm den *Mondesaufgang* ebenfalls als Widerschein von trauriger Sehnsucht und verklärter Einsamkeit. In dem 1844 in Meersburg geschriebenen Gedicht heißt es: „An des Balkones Gitter lehnte ich / Und wartete, du mildes Licht, auf dich. / Hoch über mir, gleich trübem Eiskristalle, / Zerschmolzen schwamm des Firmamentes Halle; / Der See verschimmerte mit leisem Dehnen, / Zerflossne Perlen oder Wolkentränen? – / Es rieselte, es dämmerte um mich, / Ich wartete, du mildes Licht, auf dich. / [...] O Mond, du bist mir wie ein später Freund, / Der seine Jugend dem Verarmten eint, / Um seine sterbenden Erinnerungen / Des Lebens zarten Widerschein geschlungen, / Bist keine Sonne, die entzückt und blendet, / In Feuerströmen lebt, im Blute endet – / Bist, was dem kranken Sänger sein Gedicht, / Ein fremdes, aber o! ein mildes Licht."

Prinz Astolfo fliegt mit vier Flügelrossen zum Mond: Szene aus dem 34. Gesang des Epos *Der rasende Roland* von Ludovico Ariosto, illustriert von Paul Gustave Doré für die französische Ausgabe von 1879.

Trauriger Mond (*Tristesses de la lune*) heißt sogar ein Sonett von Charles Baudelaire in *Die Blume des Bösen* (1857): „Heut abend scheint der Mond gelassener zu träumen; / Wie eine Frau, die in der Kissen Schwall ertrinkt [...] / Bisweilen lässt geheim in wehmutsvollem Wallen / Er eine Träne still auf unsre Erde fallen: / Voll Andacht aber fängt ein Dichter, der noch wacht, / In seiner hohlen Hand die Träne auf, die bleiche, / Dass er die spiegelnde und den Opalen gleiche / Im Herzen aufbewahrt ... und fern der Sonne Pracht." (Übertragung von Carl Fischer.)

In einem Gedichtfragment (*Le Voyageur*) von 1901 ließ Guillaume Apollinaire die Schatten der Zypressen im Mondlicht lebendig werden. Und in *Clair de lune* aus seiner Jugendzeit heißt es (in der freien Übertragung von Paul Celan): „Mond, Honig auf den Lippen der Irren, fließt du sacht! / [...] Denn wie aus Himmelshöhen er leis herniederglitt, / bracht' jeder Strahl des Mondes die Honigwabe mit."

Gottfried August Bürger hingegen hat bereits 1778 in *Auch ein Lied an den lieben Mond* die Gestirne als gesellschaftliche Chiffre verwendet und religiös verbrämt: „Du, lieber Mond, bist schwächer zwar und kleiner, / Ein Kleid, nur recht und schlecht, bekleidet dich; / Allein du bist so mehr wie unsereiner, / Und dieses ist gerade recht für mich." Die Sonne steht hier für die Gottheit oder einen Herrscher, der in seiner Strahlkraft als unerträglich konstatiert wird wie das Antlitz Gottes, doch der Mond habe ein menschliches Maß wie Christus als Mensch gewordener Gott. Matthias Claudius hat im 1790 von Johann Abraham Peter Schulz vertonten *Der Mond ist aufgegangen* ebenfalls religiöse Bedeutungen hinzugedichtet. Und Christian

Poetisches Panorama: *Helgoland im Mondlicht* von Christian Morgenstern (1851).

Morgenstern verband in seinen ironischen Versen *Der Mond* Religion und eine latente Gesellschaftskritik mit einer Eselsbrücke als pädagogischen Merksatz: „Als Gott den lieben Mond erschuf, / gab er ihm folgenden Beruf: / Beim Zu- sowohl wie beim Abnehmen / sich deutschen Lesern zu bequemen, / ein *a* formierend und ein *z* – / dass keiner groß zu denken hätt'. / Befolgend dies ward der Trabant / ein völlig deutscher Gegenstand."

Der Antimond im Drama

In der modernen Literatur wird vieles aufgebrochen und konterkariert, einschließlich des schönen Mondscheins. Emotionale Befindlichkeiten und eine existenzialistische Sinnaufladung gibt es weiterhin. Doch kann das Symbol der Stille und Verzückung, der Liebenden und der Melancholie, des Trostes und der Erbauung zum nihilistischen Gegenbild der Trostlosigkeit, Verlorenheit und sogar des grausamen Todes gefrieren – was literarisch freilich nur funktioniert hat, weil zuvor der Glanz der Idylle dominierte. Die vielleicht radikalste Umwertung zum Antimond findet sich im unvollendeten Drama *Woyzeck*, das Georg Büchner 1836 zu schreiben begann. In einer der kurzen Szenen erzählt die Großmutter einigen Mädchen folgendes Märchen: „Es war einmal ein arm Kind und hatt' kein Vater und keine Mutter, war alles tot, und war niemand mehr auf der Welt. Alles tot, und es is hingangen und hat gesucht Tag und Nacht. Und weil auf der Erde niemand mehr war, wollt's in Himmel gehn, und der Mond guckt es so freundlich an; und wie es endlich zum Mond kam, war's ein Stück faul Holz. Und da is es zur Sonn gangen, und wie es zur Sonn kam, war's ein verwelkt Sonneblum. Und wie's zu den Sternen kam, waren's kleine goldne Mücken, die waren angesteckt, wie der Neuntöter sie auf die Schlehen steckt. Und wie's wieder auf die Erde wollt, war die Erde ein umgestürzter Hafen. Und es war ganz allein. Und da hat sich's hingesetzt und geweint, und da sitzt es noch und is ganz allein." – Später, an einem Waldsaum am Teich, sagt Marie zu dem eifersüchtigen, kranken und völlig desolaten Woyzeck: „Was der Mond rot aufgeht!" Kein Liebesgeflüster folgt, stattdessen antwortet Woyzeck „Wie ein blutig Eisen", zückt das Messer und sticht auf Marie ein.

Lunare Weiblichkeit: *Mondschein* von Alfons Mucha (1902), gemalt mit Feder und Wasserfarben.

Lunares Licht auf der Leinwand

Vom Mondgesicht zum surrealen Symbol – eine kurze Motivgeschichte in der Bildenden Kunst

Astronomisch bereits erstaunlich realistisch: Das Ölbild *Flucht aus Ägypten* von Adam Elsheimer (1609).

Bei der anhaltenden Mondfaszination ist es erstaunlich, dass der Ikonographie des Mondes, also seiner Geschichte als Motiv in der Kunst, noch nie eine zusammenfassende Darstellung gewidmet wurde", schrieb der Kunsthistoriker Andreas Blühm anlässlich einer Ausstellung, die er 2009 im Wallraf-Richartz-Museum in Köln kuratiert hatte. Sie schlug erstmals eine Brücke zwischen lunarer Kunst, Teleskopen, Mondgloben, Fotografie und Raumfahrt. Eine ähnliche Synopsis hatte es weder vorher noch seither gegeben.

In der Antike wurden Naturkräfte und -erscheinungen oft mit Göttergestalten identifiziert. So verkörperte Selene den Mond. Als Mondgöttin war sie häufig mit einer Mondsichel gekrönt oder mit dem Mond zu ihren Füßen abgebildet. Diese Ikone wurde im jungen Christentum transformiert – zunächst zum apokalyptischen Weib der Johannes-Offenbarung, später als Gottesmutter. Dass diese „unbefleckt" sei, passte zwar nicht zu den mit bloßem Auge erkennbaren Helligkeitsunterschieden. Die hatte allerdings schon Aristoteles als bloße Spiegelung der Erdteile auf der Mondoberfläche weginterpretiert. Kaum Gehör fanden Zweifler wie Leonardo da Vinci, die auf die Erdrotation verwiesen, welche eine Veränderung des Spiegelbilds bewirken müsste.

Nur langsam löste sich die Kunst von der anthropomorphen Darstellung des Mondes (der sogar noch im Postimpressionismus des Henri Rousseau menschliche Züge trug). Dabei verzichtete schon Jan van Eyck auf die karikaturhaften Mondgesichter des Mittelalters, in dem der Erdtrabant häufig nur ein wenig beachtetes Attribut religiöser Bildnisse war, und malte in *Die Kreuzigung* (1425 bis 1430) den Mond so, wie er mit bloßem Auge sichtbar ist. Leonardo zeichnete bereits um 1506 Mondphasen.

Paradigmenwechsel durch das Fernrohr

Galileo Galilei leitete mit seinen astronomischen Teleskop-Beobachtungen ab 1609 einen Paradigmenwechsel ein, der nicht nur das physikalische Weltbild revolutionierte, sondern auch die Kunst beeinflusste. Seine Zeichnungen der Mondoberfläche wurden weltberühmt. Im *Sidereus Nuncius* (1610) schrieb er, „dass der Mond keineswegs eine sanfte und glatte, sondern eine raue und unebene Oberfläche besitzt und dass er, ebenso wie das Antlitz der Erde selbst, um ungeheuren Schwellungen, tiefen Mulden und Krümmungen überall dicht bedeckt ist." Die neuen Erkenntnisse gerieten in einen harten Konflikt mit der Kirche. Es gab aber auch Versuche der Vermittlung. So überbrückte Lodovico Cardi, ein Freund Galileis, den Widerspruch malerisch: In seinem Fresko *Unbefleckte Empfängnis* (1612) in der S. Maria Maggiore in Rom steht Maria auf einem pockennarbig verkraterten Mond.

Andererseits galt der Mond auch als Symbol der Unbeständigkeit und des Wankelmuts („Inconstanza"). Das hat beispielsweise Cesare Ripas in einem Kompendium des frühen Barocks beschrieben, der *Iconologia* (1593). Eingang fand diese Vorstellung auch in das Drama *Romeo und Julia* (1597 gedruckt) von William Shakespeare. In der berühmten Balkonszene im Zweiten Akt sagt Romeo: „Ich schwöre, Fräulein, bei dem heil'gen Mond, / Der silbern dieser Bäume Wipfel säumt ...". Darauf antwortet Julia: „O schwöre nicht beim Mond, dem Wandelbaren, / Der immerfort in seiner Scheibe wechselt, / Damit nicht wandelbar dein Lieben sei!" Im Ölgemälde *Inconstanza. Allegorie der Unbeständigkeit* (um 1617) des Antwerper Malers Abraham Janssens (van Nuyssen) hält bezeichnenderweise eine Frau die Mondsichel. Dabei fällt auf, dass die nicht glatt ist, sondern ein Gesicht enthält – wohl eine Anspielung auf die Entdeckung der Mondkrater durch Galileo Galileis Teleskop-Beobachtungen.

Kurz vor Galileis Veröffentlichung seiner Teleskop-Beobachtungen malte Adam Elsheimer in Rom das kleine Bild *Flucht aus Ägypten* (1609) mit Öl auf Kupfer. Über Maria und Joseph mit dem Jesuskind schimmert die Milchstraße auf eine bis dahin ungesehen naturgetreue Weise als Ansammlung unzähliger Sterne – Kunsthistoriker vermuten, dass der Maler wohl durch ein Teleskop geschaut hatte. Die Konstellation der Sterne ist astronomisch allerdings nicht korrekt, das Bild war nicht als wissenschaftliche Illustration gedacht. Die dunklen Strukturen auf dem Mond stehen auf dem Kopf wie durch die Linsen in einem einfachen Fernrohr betrachtet; das Spiegelbild im Wasser ist richtig herum. Das gilt auch für die Kupferstich-Version einer Radierung von Hendrick Goudt (1613). Der Mond wurde wohl als Spiegelung des Göttlichen interpretiert: Christus als Licht der Welt sei Mensch geworden und als Mensch den Menschen der Spiegel Gottes und daher im Spiegelbild richtig – wobei es kein Zufall ist, dass dieses exakt auf Linie mit den beiden weiteren Lichtquellen in der unteren Bildhälfte liegt, einem Hirtenfeuer und der heiligen Familie der Weihnachtsgeschichte.

Ausgeklügelte Mondlandschaften

Von der Erde aus gesehen beträgt der Monddurchmesser kam mehr als ein halbes Grad. Somit nimmt er bei einer üblichen Szene mit 90 Grad Gesichtswinkel nur 1/180 der Bildbreite ein und müsste entsprechend klein dargestellt werden. Das ist auf zahlreichen Gemälden jedoch nicht der Fall. Viele Maler haben ihn deutlich zu groß abgebildet – was auch an der bekannten optischen Täuschung liegen könnte, dass der Mond in Horizontnähe subjektiv viel größer erscheint also hoch oben am Himmel, obwohl das objektiv nicht so ist. Auch die Kontraste auf der Mondoberfläche wurden oft nicht realistisch dargestellt.

Nach der Erfindung des Teleskops und den immer genaueren Mondatlanten gab es in der Kunst zunächst keine Häufung von Mondbildern. Als Motiv in Landschaftsgemälden kam der Himmelskörper gleichwohl immer wieder vor. In Holland war das besonders in Bildern von Aert van der Neer der Fall, etwa in *Stadt an einem Fluss im Mondschein* (aus der zweiten Hälfte des 17. Jahrhunderts). Eindrucksvoll sind auch die *Fischerboote im Mondschein* (circa 1643) von Aelbert Cuyp. Auf dem Ölgemälde *Der Mond* (1711) zeigt Donato Creti den Erdtrabanten recht detailliert: Riesig prangt er über zwei Beobachtern mit einem Teleskop. Dann änderte sich die Situation. „In der zweiten Hälfte des 18. Jahrhunderts begann in der europäischen Malerei beinahe eine Art Mondschwemme", schreibt der Kunsthistoriker Andreas Blühm. „Auch die anderen Künste, Musik und Literatur, liebten das Nachtlicht und verliehen ihm mit ihren Mitteln Ausdruck." Nun greifen bedeutende Landschaftsmaler Mondmotive auf, in Frankreich etwa Claude-Joseph

Der Erdtrabant als Symbol: *Zwei Männer in Betrachtung des Mondes* von Caspar David Friedrich (1819/20).

Vernet, in England Joseph Wright of Derby und in Deutschland Caspar David Friedrich. Das Mondlicht sorgte für Stimmung, und zuweilen wurde der Himmelskörper auch zum Gegenüber des Menschen.

Caspar David Friedrichs Werke, ein Inbegriff der deutschen Romantik, sind keineswegs nur Landschaftsbilder eines akribischen Naturbeobachters, sondern auch religiöse Allegorien. Das nimmt die Mondmotive nicht aus – im Gegenteil: Manche Interpreten deuten den Mond nicht nur als Symbol für eine unstillbare romantische Sehnsucht, sondern in seiner Wiederkehr auch als Sinnbild des wiederkehrenden Christus. Berühmt ist das Ölgemälde *Zwei Männer in Betrachtung des Mondes* (1819/20), von dem es mehrere Varianten gibt. Es soll Samuel Beckett 1936 für sein Theaterstück *Warten auf Godot* inspiriert haben. Eingerahmt von einer Eiche, einer Fichte und einem verwitterten Felsblock schauen die Menschen auf die Mondsichel im Nebel der Abenddämmerung unter ihnen. Das ist übrigens astronomisch genauso irreal wie die dargestellte Helligkeit und die liegende Sichel selbst; zudem steht die Venus in der gezeigten Konstellation nur beim Mond, wenn die Sonne noch nicht untergegangen ist. Auch in anderen Gemälden ließ Friedrich den Mond prominent in Erscheinung treten. Beispiele sind *Das Kreuz an der Ostsee* (nach 1815) und die dunkle Szenerie *Einsames Haus am Kiefernwald* (circa 1825/1835), wo die einzige abnehmende Mondsichel in seinem Werk zu sehen ist.

Friedrich hat viele Maler angeregt, etwa Carl Julius von Leypold mit *Bäume im Mondschein* (um 1825) und Karl Blechen *Landschaft im Winter bei Mondschein* (um 1836) sowie Johann Christian Clausen Dahl. Der war in Dresden ein Nachbar von Friedrich, im Gegensatz zu diesem aber ganz Naturalist ohne symbolische Absichten, was beispielsweise seine *Elblandschaft bei Dresden im Mondschein* (1823) illustriert. Carl Gustav Carus hingegen, der auch als Naturwissenschaftler arbeitete, meinte in seinen Kunstanalysen, dass der Mensch in den Landschaften das Unendliche suche, und setzte den Mond als Stilmittel dafür ein – etwa in *Meeresküste im Mondschein* (1823) und *Blühende Holunderhecke im Mondschein* (um 1825). Freilich gibt es auch weniger erhabene Sujets. Für *Die Sentimentale* (1846) beispielsweise ist der Mond lediglich Spiegel einer diffusen Sehnsucht, die die Frau im Ölgemälde von Johann Peter Hasenclever beim nächtlichen Blick aus dem Fenster verspürt, als sie von der Lektüre der *Leiden des jungen Werthers* aufschaut.

Reaktionen auf die Fotografie

Mit der Erfindung der Fotografie 1839 von Louis Jacques Mandé Daguerre und Joseph Nicéphore Nièpce setzte nicht nur eine neue Epoche der Mondforschung ein (bis zu den ersten scharfen Fotos mussten allerdings noch einige Jahre vergehen), sondern auch für die Malerei begann eine neue Ära. Exakte Naturdarstellungen erschienen den meisten Künstlern bald als obsolet; mit den immer besser werdenden Fotos wollten sie nicht konkurrieren. Stattdessen erschlossen sie neue Formen der Darstellung. So bestand die Reaktion der Impressionisten darin zu versuchen, die wechselhaften Sinneseindrücke festzuhalten. Entsprechend rasch und unmittelbar malten sie ihre Bilder; die Motive wurden unscharf und flirrend, die Pinselstriche wieder sichtbar. Auch der Mond wurde damit zunehmend zur bloßen Lichterscheinung in einer flüchtigen Impression.

Quasi schon vorweggenommen haben diese Entwicklung Adolph Menzel im Gemälde *Mondschein über der Friedrichsgracht im Alten Berlin* (um 1855) sowie Edouard Manet in *Mondschein über dem Hafen von Boulogne* (1869 im Urlaub an der französischen Atlantikküste gemalt). „Der Impressionismus kann in seinen leichten Bildentwürfen keine innige Beziehung zu dem kleinen Himmelslicht des Mondes aufbauen. Erst als Farben und Formen explodieren – zuerst bei van Gogh und Munch und dann im Expressionismus –, erobert der Mond in vielfacher Symbolkraft seine zentrale Stellung in der Bilderwelt zurück", beschrieb es der Astronom Wilhelm Seggewiss vom Observatorium Hoher List.

Um 1900 war die Loslösung von der naturalistischen Darstellung weitgehend erfolgt. *Die Sternennacht* (1889) von Vincent van Gogh lässt die Himmelkörper Farbpirouetten tanzen. In Felix Vallottons *Mondschein* (1895) ist der Erdtrabant rein symbolistisch zu verstehen. Auch bei den Bildern von Henri Rousseau, Edvard Munch und Joan Miró diente er vor allem dazu, Stimmungen und Assoziationen erzeugen. Edvard Munch macht ihn neben den *Vier Mädchen auf der Brücke* (1905) zu einer fast unheimlichen Chiffre (dass es sich nicht um die untergehende Sonne handelt, konnten Astronomen übrigens erst 2003 nachweisen). Im Expressionismus setzt sich diese Entwicklung fort. Beispiele sind *Rotierender Leuchtturm* (1913) von Paul Adolf Seehaus, einem Schüler August Mackes, sowie die beiden 1920 gemalten Bilder *Blauer Mond* und *Aufgehender Mond* von Karl Schmidt-Rottluff und *Walchensee (Mondlandschaft im Gebirge)* (1933) von Max Beckmann. Im Surrealismus wird das noch radikalisiert. Auf Max Ernsts *Heuschreckenlied an den Mond* (1953) erscheint der Trabant gar als apokalyptisches Mahnmal oder Alptraum.

Expressionistische Mondlandschaft: *Rotierender Leuchtturm* von Paul Adolf Seehaus (1913).

Doch es gibt auch quasi-reale Darstellungen. Besonders eindrucksvoll ist die *Ideale Mondlandschaft*, die Wilhelm Kranz für das Deutsche Museum in München schuf. Der Blick aus einem Krater zeigt die Bergkämme etwas zerklüfteter und gezackter als auf den Aufnahmen der Apollo-Astronauten, doch wirkt das Bild geradezu fotorealistisch – gemalt wurde es bereits im Jahr 1919.

Neuer Realismus: *Ideale Mondlandschaft* von Wilhelm Kranz für das Deutsche Museum in München (1919).

Das Lied *Fly Me to the Moon*, arrangiert von Quincy Jones (Mitte) und gesungen von Frank Sinatra, wurde an Bord von Apollo 10 gespielt und später zu Apollo 11 gefunkt. Zusammen mit Sinatra führte Jones den Song zum 50-jährigen Jubiläum der NASA im September 2008 auf; dabei beschenkte er auch Senator John Glenn (links), den ersten US-Amerikaner im Orbit, und Neil Armstrong mit Platin-Prägungen der Platte.

„Die Fahrt zum Mond hat sich gelohnt!"

Der Mond in der Musik – bis ins All hinauf

Fly me to the moon / Let me play among the stars / Let me see what spring is like / On a Jupiter and Mars / In other words, hold my hand / In other words, baby, kiss me ..." Was als Aufforderung zur interplanetarischen Raumfahrt zu beginnen scheint, führt zwar auch in diesem 1954 von Bart Howard zunächst unter dem Titel *In Other Words* veröffentlicht Song zur banalen irdischen Flirt-Offerte. Und doch hat das Lied, das inzwischen in über hundert Versionen in unterschiedlichen Stilrichtungen kursiert, den Sprung ins All geschafft. 1964 von Frank Sinatra mit der Count-Basie-Band aufgenommen, arrangiert von Quincy Jones, und auf dem Album *It Might As Well Be Swing* veröffentlicht (sowie 1966 live auf Album *Sinatra At The Sands*), wurde es im Mai 1969 auf einer Musikkassette an Bord von Apollo 10 in einer Mondumlaufbahn abgespielt. Und im Juli 1969 funkte es die Bodenstation zum Raumschiff Apollo 11 bei dessen Mondlandeflug – von mehr als einer halben Milliarde Menschen am Fernseher verfolgt. Nach der geglückten Mission sang Sinatra *Fly me to the moon* am 18. August 1969 auch auf einer Konzertgala zu Ehren der Apollo-11-Besatzung im Astrodome von Houston.

Zwar ist Musik die ungegenständlichste Kunst. Dennoch thematisieren Komponisten und Musiker oft konkrete und abstrakte Dinge, obschon sich dies notgedrungen meistens auf den Titel des Stücks oder die Liedtexte beschränken muss – mehr oder weniger harmonische Interpretationen davon als musikalische Stimmungen natürlich eingeschlossen. Das gilt dann mitunter auch für Lunatisches. Und umgekehrt können Mond-Lieder ganz unmittelbar auf ihr Sujet zurückgeführt werden, wie *In Other Words* beweist – inniger geht es kaum.

Manchmal ist Mond-Musik sogar ein Gegenstand kompletter Aufführungen. So widmete der Philharmonia Chor Stuttgart unter der Leitung von Johannes Knecht im Februar 2016 dem Erdtrabanten einen

ganzen Abend. Im Neuen Schloss Stuttgarts wurden, ergänzt von allerhand Mond-Lyrik, Kompositionen vom 19. Jahrhundert bis in die Gegenwart dargeboten – Chorwerke mit oder ohne Klavierbegleitung.

Mondscheinsonate und Seelensuche

Berühmt ist die Klaviersonate 14, Opus 27, Nummer 2 in cis-Moll von Ludwig van Beethoven, die er als *Sonata quasi una Fantasia* („... gleichsam einer Fantasie") 1801 vollendet hat. Den populären Namen *Mondscheinsonate* prägte der Musikschriftsteller Ludwig Rellstab erst einige Jahre nach Beethovens Tod. (Franz Liszt charakterisierte ihren zweiten Satz übrigens als „eine Blume zwischen zwei Abgründen".)

Auch Claude Debussy wird gerne mit dem Mond assoziiert. Sehr bekannt ist der dritte Satz *Claire de lune* (Mondschein) seiner *Suite bergamasque*, 1890 komponiert. Der Name ist sehr wahrscheinlich von dem Gedicht *Clair de Lune* (1869) von Paul Verlaine inspiriert, dessen zweite Zeile („masques et bergamasques") auch den Titel der Suite angeregt haben dürfte. Im Film *Der Stoff, aus dem die Helden sind* (1983) wird auf einer Veranstaltung zu Ehren der Mercury-Astronauten *Clair de Lune* gespielt. Zum 151. Geburtstag des Komponisten am 22. August 2013 hat die Internetsuchmaschine Google Debussy sogar ein Startseiten-Bild (Doodle) gewidmet, das den Mond in einer stilisierten Zeichnung zeigte und auf *Les Nocturnes* verlinkte. Die Uraufführung dieses Orchesterwerks, das Debussy schon seit 1892 geplant hatte, fand am 9. November 1900 statt. In einem Vorwort schrieb der Komponist: „Der Titel *Nocturnes* will hier in allgemeiner und vor allem in mehr dekorativer Bedeutung verstanden werden. Es handelt sich also nicht um die übliche Form des Nocturno, sondern um alle Eindrücke und speziellen Beleuchtungen, die in diesem Wort enthalten sein können." Das Werk rief die Begeisterung des Publikums hervor und brachte ihm zwar wenig Geld ein, aber große Anerkennung bei den Musikkritikern.

Eine verliebte Elfe singt ein Lied an den Mond: Bühnenbild zur Oper *Rusalka* mit Kristine Opelais, Metropolitan Opera House, New York, im Januar 2017.

Ergreifend ist auch das *Lied an den Mond* aus der Oper *Rusalka* (1900) von Antonín Dvořák: In einer schönen Mondnacht, in der Elfen am Waldsee tanzen, ist die Nixe Rusalka traurig, weil sie einen Menschen liebt und deshalb ein Mensch werden möchte – allein ihr fehlt die Seele dazu. Rusalkas Sehnsucht kommt in der weichen Tonart Ges-Dur zum Ausdruck und einem 3/8-Takt im Tempo „larghetto", wobei die abgedämpften Geigen eine zarte Stimmung schaffen.

Liebesschmacht und Wirtshauspracht

Nach *Der Mond ist aufgegangen* von Matthias Claudius, 1790 von Johann Abraham Peter Schulz vertont, avancierte der Mond im 19. Jahrhundert zu einem Thema der Musik – wie in der Dichtung, und beides verband

Theatralische Sichel: Entwurf zu einem Bühnenbild für *Die Zauberflöte* von Wolfgang Amadeus Mozart und Emanuel Schikaneder zur Weimarer Erstaufführung am 16. Januar 1794. Die Aquarellskizze stammt von Johann Wolfgang von Goethe.

Moon River, gesungen von Audrey Hepburn im Film *Frühstück bei Tiffany*. An der Gitarre Henry Mancini 1961 bei einer Probe für die Plattenaufnahme.

sich in Liedern häufig. Das hängt mit den damals populären romantischen Verklärungen zusammen.

Ein berühmtes Beispiel ist *Mondnacht* in dem Liederkreis Opus 39 von Robert Schumann für Singstimme und Klavier, 1840 entstanden und 1842 veröffentlicht. Schumann vertonte in E-Dur und einem 3/8-Takt das Gedicht gleichen Titels von Joseph Freiherr von Eichendorff (1835/37): „Es war, als hätt' der Himmel / Die Erde still geküsst, / Dass sie im Blütenschimmer / von ihm nur träumen müsst'. / Die Luft ging durch die Felder, / Die Ähren wogte sacht, / Es rauschten leis die Wälder, / So sternklar war die Nacht. / Und meine Seele spannte / Weit ihre Flügel aus, / Flog durch die stillen Lande, / Als flöge sie nach Haus'." Die konjunktivische Traumsituation wird musikalisch gleich zu Beginn durch dominantische Akkorde ausgedrückt.

Beliebt war auch das Volkslied *An den Mond*, vor allem in der dreistrophigen Fassung des Schulmeisters und Dichters Karl Enslin (1851): „Guter Mond, du gehst so stille / durch die Abendwolken hin; / deines Schöpfers weiser Wille / hieß auf jener Bahn dich ziehn. / Leuchte freundlich jedem Müden / in das stille Kämmerlein! / Und dein Schimmer gieße Frieden / ins bedrängte Herz hinein!" Diese christlich-erbauliche Version spart den Liebeskonflikt ganz aus, der in den anonym verfassten längeren Liedflugschriften (ab etwa 1800) das Hauptthema ist, weil die verklärte Geliebte des Sänger-Ichs verlobt oder verheiratet ist. „Mond, du Freund der keuschen Triebe, / Schleiche in ihr Hüttchen ein, / Sage ihr: dass ich sie liebe / Und sie mein ist ganz allein".

Ein weiteres Beispiel ist das Lied *Der Gang zum Liebchen* für eine Singstimme und Klavier von Johannes Brahms (1868). Der Text stammt von dem böhmischen Schriftsteller und Librettisten Josef Wenzig: „Es glänzt der Mond nieder, / ich sollte doch wieder / zu meinem Liebchen, / wie mag es ihr gehn? / Ach weh, sie verzaget / und klaget und klaget, / dass sie mich nimmer / im Leben wird sehn! / Es ging der Mond unter, / ich eilte doch munter, / und eilte, dass keiner / mein Liebchen entführt."

In Josef Gabriel Rheinbergers Lied *Es glänzt die laue Mondennacht* (1869) geht es ebenfalls ums Abschiednehmen von Liebenden, wie es Karl Stiehler verfasst hat: „Es glänzt die laue Mondennacht, / die alten Giebel ragen; / das Bündel ist zurechtgemacht, / am Torweg steht der Wagen. / Und unterm Torweg stehen zwei, / kein Dritter stand daneben, / die sprachen wohl von Lieb' und Treu', / und dann geht's fort ins Leben. / Das letzte Röslein gab sie ihm / und gab ihm beide Hände / und küsste ihn zum Abschied noch, / da war ihr Trost zu Ende. / Der Hufschlag tönt, das Posthorn klang, / von dannen zog der Wagen; / ihr war, als hätt' er all ihr Glück / im Bündel fortgetragen."

Manchmal ging es allerdings auch derb zu. Im von Heinrich Mühlen betexteten Volkslied *Aus dem Wirtshaus komm' ich heraus* (um 1840) erscheint einem Betrunkenen die ganze Welt als alkoholisiert, sogar der Mond: „Was für ein schief Gesicht, Mond, machst denn du? / Ein Auge hat er auf, eins hat er zu. / Du wirst betrunken sein, das seh' ich hell; / schäme dich, schäme dich, alter Gesell!" ... worauf das berauschte lyrische Ich wieder ins Wirtshaus zurückgeht.

Lunare Vielfalt heute

Im 20. Jahrhundert änderten sich die Musik- und Literaturstile gewaltig. Doch der Mond blieb weiterhin ein Thema. So schrieb Carl Orff sein kleines Welttheater *Der Mond* 1936/38 nach einem älteren Märchenstoff. Teil II des Chorwerks heißt *Der Mond ist fort* („... wer hat ihn denn gestohlen. Der Mond ist fort ... wer wird ihn wieder holen. ... der Ast ist leer, wir finden unsren Weg nicht mehr"), Teil III *Ah, da hängt ja der Mond*, und Teil IV bringt das Happy End: *Der Wein ist gut, der Mond scheint hell*. Das Gedicht *Lune d'Avril* von Maurice Carême wurde gleich zweimal vertont: von Francis Poulenc (1960) und von Bernard Haultier (1973). In der Übersetzung von Kurt Roessler lautet es: „Mond, schöner Mond, Aprilmond, / Lass mich in meinem Fenster sehen / Den Pfirsichbaum mit dem Safranherz, / Den Fisch der Graupeln lacht, / Den Vogel der, / Von weitem wie ein Jagdhorn, / Ganz sanft die Toten weckt / Und vor allem, vor allem die Länder / Denen er Freunde bringt, / Denen er Klarheit schafft, / Wo besonnt von den Schlüsselblumen / Man alle Gewehre zerbrochen hat." Weltbekannt wurde das von Henry Mancini komponierte und von Johnny Mercer getextete Lied *Moon River* (1961). Zuerst sang es Audrey Hepburn im Film *Frühstück bei Tiffany*, wofür sie 1962 den Oscar für den besten Filmsong erhielt. Der Komponist und Klangforscher Raymond Murray Schafer schuf das avantgardistische Chorwerk *Epitaph for moonlight* (1968), das nicht mit Noten, sondern mit grafischen Symbolen zur kreativen Aufführung einlädt und neue Synonyme für „Mondlicht" kreierte. Und Dave Brubeck nannte 1991 ein Jazz-Album *Quiet as the moon* – nach dem gleichnamigen Song darauf.

Bis heute ist der Mond sporadisch ein Thema in der Musik geblieben. Prominent beispielsweise im Œuvre des kanadischen Rockmusikers – und Poeten – Neil Young, dessen Album von 1992 sogar *Harvest Moon* heißt. Im gleichnamigen Titelsong ist der Erdtrabant wieder die klassische Kulisse der Liebeslyrik: „Come a little bit closer / Hear what I have to say / Just like children sleepin' / We could dream this night away. / But there's a full moon risin' / Let's go dancin' in the light / We know where the music's playin' / Let's go out and feel the night. / Because I'm still in love with you / I want to see you dance again / Because I'm still in love with you / On this harvest moon." In über zwei Dutzend weiteren Songs von Neil Young wird der Mond erwähnt. Einige Beispiele: „With the full moon in my eyes" (in: *After The Gold Rush*); „Clouds make walls between the moon and I" (*Berlin*); „Above the clouds the moon was climbing higher" (*Big Green Country*); „You see us together, chasing the moonlight" (*Cinnamon Girl*); „Blue moon sinking from the weight of the load" (*Don't Let It Bring You Down*); „With my moon in your eyes" (*Hawaiian Sunrise*); „Yellow moon on the rise" (*Helpless*); „See the braves in cool moonlight" (*I'm The Ocean*); „Far across the moonbeam I know that's who you are" (*Like A Hurricane*); „Under moon, under sun" (*No Hidden Path*); „You never missed a moonlit night" (*Opera Star*); „At night when the sky is clear and the moon is shining down" (*Over And Over*); „Through the moonlight" (*Southern Pacific*); „They were planting in the full moon" (*Thrasher*); „All night sentries watch the moonglow" (*Time Fades Away*).

1956, am Beginn des Weltraumzeitalters und noch ein Jahrzehnt vor den Apollo-Missionen sang Paul Kuhn bereits ein augenzwinkerndes Ständchen, das lunare Reisen nicht nur zum Thema hatte, sondern fast schon boshaft ad absurdum führte: „Die Fahrt zum Mond hat sich gelohnt! / Nun weiß die Wissenschaft / im Grunde ganz gewissenhaft, / dass sich die Fahrt zu Mond nicht lohnt. / Drum hat die Fahrt zum Mond / sich schließlich doch gelohnt! / Es startet unerwartet / ein Professor nach dem Mond. / Wollt' horchen und erforschen, / was dort oben alles wohnt. / Das Jahrhundert war verwundert, / denn sehr lange bleib er nicht. / Nein, er kehrte heim zur Erde / und gab folgenden Bericht: / Touristen, Alpinisten! / sprach der weitgereiste Herr. / Sie müssen nämlich wissen, / so 'ne Reise ist sehr schwer! / Weder Kino, noch Kasino / und die Kälte hundsgemein. / Ich verkaufe und versaufe / die Rakete und geh heim!"

Bunte Kulisse: Szene zu einer Aufführung von Carl Orffs Märchenoper *Der Mond* bei den Domstufenfestspielen 2006 in Erfurt.

Der erste Countdown

40 Waggons voller Sand und ein Krieg der Welten mit Regenschirmen: Mondflüge im Kino

Das ging ins Auge: Bild aus dem Stummfilm *Von der Erde zum Mond* von Georges Méliès (1902).

Die ersten Filme von Mondreisen wurden im Studio gedreht, nicht auf dem Erdtrabanten. Schon früh war der ein cineastisches Thema, nachdem die Brüder Auguste und Louis Lumière dieses neue Darstellungsmedium Ende des 19. Jahrhunderts einführten. Der Karikaturist, Schauspieler, Theaterbesitzer, Regisseur und Produzent Georges Méliès hat bereits 1902 Jules Vernes Roman *Von der Erde zum Mond* mit einem Budget von 20000 Francs in Szene gesetzt. Der eindrucksvolle und mit 260 Metern (eine Viertelstunde) ungewöhnlich lange Streifen war einer der ersten Science-Fiction-Filme der Welt. Méliès gilt als Vater des narrativen Films und der Filmtricktechnik; in manchen seiner rund 500 Filmen setzte er bereits Überblendungen Stop-Motion-Technik ein – und sogar Farbe (jedes einzelne Bild wurde dabei handkoloriert). Obwohl der Film damals das modernste Medium war, karikierte Méliès die fortschrittliche Wissenschaft: Die Astronomen tragen altmodische Perücken (Méliès selbst spielte den Professor Barbenfouillis), die Landung der Rakete im teigig-weichen Mondgesicht wirkt wie ein Sandkastenspiel, und die lunaren Bewohner werden mit Regenschirmen getötet. Méliès und seiner Kunst hat Brian Selznick im Roman *The Invention of Hugo Cabret* (2007) ein Denkmal gesetzt, der als *Hugo* von Martin Scorsese verfilmt wurde. Die Suchmaschine Google widmete Méliès am 3. Mai 2018 ein Doodle (Startbild über dem Suchfeld), das auch das berühmte Motiv der Rakete im Auge des „Manns im Mond" zeigte.

Raketenpionier als Stummfilmberater

Wesentlich realistischer ging es in *Frau im Mond* zu, dem 1929 erschienenen letzten Stummfilm von Fritz Lang. Auch darin agieren barocke Wissenschaftler – allerdings vor einem futuristischen Bühnenbild, für das man 40 Waggons voll Ostseestrandsand für die Mondlandschaft zu den Babelsberg-Filmstudios angefahren hatte. Im Film gezeigt ist erstmals ein Countdown vor dem Abheben einer Rakete – auch hier war die Fiktion der Realität voraus! –, die Flugbahn wirkt realistisch, weil der Gymnasiallehrer und Raketenpionier Hermann Oberth als Berater eigens Berechnungen dazu machte, und der Blick zur aufgehenden Erde über der kraternarbigen Mondoberfläche nahm die Zukunft vorweg.

Auch Herbert George Wells' Roman *The First Men in the Moon* (1901), in deutscher Übersetzung unter dem Titel *Die ersten Menschen in dem Mond* 1905 erschienen, wurde früh für die Leinwand adaptiert. Der Schwarzweiß-Stummfilm von Bruce Gordon und J. L. V. Leigh 1919 ging leider verloren. Nathan Juran schuf dann *Die erste Fahrt zum Mond* – 1964, also bereits im Weltraumzeitalter; 2010 folgte ein Fernsehfilm. Zusammen mit Jules Vernes Romanen waren die von Wells die ersten modernen Science-Fiction-Erzählungen – Wells sprach noch von „Scientific Romances".

The Sentinel von Arthur C. Clarke ist die wohl bekannteste lunare Kurzgeschichte. Dabei hatte sie einen schlechten Start, denn bei dem BBC-Wettbewerb, für den sie Clarke 1948 geschrieben hatte, fiel sie glatt durch. 1951 publizierte er sie dann als *The Sentinel of Eternity* in *The Avon Science Fiction and Fantasy Reader* und 1953 in der Sammlung *Expedition to Earth*. Auf Deutsch erschien die Short Story erstmals 1960 mit dem Titel *Der Wachtposten* in *Verbannt in die Zukunft*. Berühmt wurde die Geschichte, weil sie als Vorlage für den Roman *2001: A Space Odyssey (2001: Odyssee im Weltraum)* von 1968 diente, den Stanley Kubrik nach Clarkes Drehbuch kongenial verfilmte. Er war mit einem Zehn-Millionen-Dollar-Budget einer der teuersten Filme der damaligen Zeit und wurde mit einem Oscar für Spezialeffekte geehrt. Inhaltlich ging es um die Entdeckung eines außerirdischen Artefakts auf dem Erdtrabanten (Tycho Magnetic Anomaly-1). Als die Wissenschaftler in der Mondstation Clavius den im Film als schwarzen Monolithen dargestellten Quader untersuchen, wird ein Funksender aktiviert und die Geschichte nimmt ihren Lauf …

Gespräch mit den Mondleuten: Szene in der verloren gegangenen Verfilmung von Herbert G. Wells' Roman *The First Men in the Moon* von Bruce Gordon und J. L. V. Leigh (1919).

Vier Jahrzehnte vor der „echten" Mondlandung: Szene aus Fritz Langs Film *Die Frau im Mond* (1929).

Himmelsschau und Erdvermondung

Der Mond als – weitgehend vernachlässigtes – Thema der Philosophie

Im Trubel der Welt ist wenig Zeit und Raum für Weisheit oder stille Besinnung. Dabei vermittelt der Mond den Menschen seit langer Zeit Demut und Bescheidenheit.

Die Vorform der modernen Naturwissenschaft war die antike Naturphilosophie – ein zwar spekulativer, aber rationaler und empirisch sich zu bewährender Versuch einer Beschreibung und Erklärung der Welt. Der Mond spielte eine Hauptrolle in ihrem Gründungsmythos. Denn Thales, der erste Philosoph (wörtlich: „Freund des Wissens"), soll Herodot zufolge eine Finsternis vorhergesagt haben, die während einer Schlacht zwischen Lydern und Medern eingetreten sei. Später wurde häufig die Sonnenfinsternis vom 28. Mai 585 v. Chr. dafür genannt, zumal Diogenes Laertios' Überlieferungen bezeugte, Thales „habe als erster Astronomie getrieben, Sonnenfinsternisse vorhergesagt und die Sonnenwenden festgelegt". Allerdings ist es nicht plausibel, dass damals schon Sonnenfinsternisse berechnet werden konnten, und es ist auch unklar, was Herodots Verfinsterung eigentlich war. Platon hat in seiner Schrift *Theaetetus* übrigens Thales – und mithin die Naturphilosophie insgesamt – ungerechtfertigterweise lächerlich zu machen versucht, indem er kolportierte: „Thales [...] fiel, als er sich mit den Sternen beschäftigte und nach oben blickte, in einen Brunnen. Da soll ihn eine witzige und reizende thrakische Magd verspottet haben, weil er zwar die Dinge am Himmel zu erkennen begehre, ihm aber, was ihm vor den Füßen liege, entgehe."

Ob nachträglich erfunden oder nicht – die Legenden und ihre Hartnäckigkeit bezeugen immerhin die Wichtigkeit des gestirnten Himmels für die Ausbildung des menschlichen Geistes. Trotzdem ist der Mond in der Philosophie erstaunlich unterrepräsentiert geblieben – bis heute. Daraus mag man schließen, dass viele Denker dem irdischen Staub eben nicht entronnen sind ... oder aber gleich auf so überirdische Sphären hinaus zielten – allzu oft auf Göttliches, ein Echo der mittelalterlichen Borniertheit, die Philosophie als „Magd der Theologie" zu missbrauchen –, dass das nahe Ferne nicht für wert befunden wurde, ihm auch nur en passant ein wenig Aufmerksamkeit zu schenken.

Mondsucht und Aufklärung

Dass der blasse Mond andererseits mit dem Geisteszustand von Menschen assoziiert wurde, mag erstaunen. Aber vielleicht ist gerade das Abseitige der verbindende Grund dafür. Schon im Althochdeutschen war das Adjektiv „mondsüchtig" (mānōdsioh) gebräuchlich. Es geht auf das lateinische „lunaticus" zurück, was im Englischen weiterwirkte („lunatic, lunacy") und „geisteskrank" bedeutet. Tatsächlich hatten Aristoteles und Plinius der Ältere behauptet, der Vollmond würde ein närrisches Verhalten auslösen – was viele Menschen in abgeschwächter Form bis heute glauben.

Durchaus selbstironisch war es daher, dass sich die Mitglieder der Lunar Society of Birmingham – auch Lunar Circle genannt – als „lunaticks" bezeichneten. Denn dieser von 1765 bis 1813 bestehende Club von Wissenschaftlern und Industriellen war ganz der Aufklärung verpflichtet, dem Licht der Vernunft (englisch „enlightenment"). Der Name hatte einen profanen Grund: Man traf sich bei Vollmond beziehungsweise dem darauffolgenden Montag, um den Weg nach Hause zu finden, weil es noch keine Straßenbeleuchtung gab. Zu den Mitgliedern gehörten Matthew Boulton, Erasmus Darwin, Joseph Priestley, James Watt, John Whitehurst und William Withering, assoziiert waren unter anderem William Herschel, Benjamin Franklin, John Michell, und Joseph Wright of Derby – also zahlreiche bis heute unvergessene Geistesgrößen. Sie diskutierten neue Entwicklungen auf den Gebieten der Chemie, Elektrizität, Medizin sowie Wirtschaft und machten naturwissenschaftliche Experimente – eine Art Fortsetzung der Naturphilosophie mit anderen Mitteln.

Nur wenige Ausnahmen bestätigen die Regel der lunaren Vernachlässigung. So hat der Dichter-Philosoph Friedrich Nietzsche im dritten Teil seines Werks *Also sprach Zarathustra* von 1883 in einer Schlüsselpassage das lunare Licht als Schein der Aufklärung herangezogen: bei der Einführung in den zentralen Gedanken von der Ewigen Wiederkunft des Gleichen. Im Kapitel *Das Gesicht und das Rätsel* heißt es: „Und diese langsame Spinne, die im Mondscheine kriecht, und dieser Mondschein selber, und ich und du im Torwege, zusammen flüsternd, von ewigen Dingen flüsternd – müssen wir nicht Alle schon dagewesen sein? – und wiederkommen und in jener anderen Gasse laufen, hinaus, vor uns, in dieser langen schaurigen Gasse – müssen wir nicht ewig wiederkommen? – "

Verifikationismus und Vorurteile

Astronomische Beispiele dienten mehrfach als Illustration für wissenschaftstheoretische Überlegungen. Was wissenschaftliche Hypothesen sind und worin sich Naturwissenschaften von Pseudowissenschaft und Metaphysik unterscheiden, ist spätestens seit dem 19. Jahrhundert eine wichtige Fragestellung der Philosophie. Ein wesentliches Kriterium ist die Verifikation: die Bestätigung einer Hypothese. Was sich nicht positiv nachweisen lässt, ist unwissenschaftlich oder sogar sinnlos, meinte etwa einer der Begründer des Positivismus, der französische Soziologe August Comte. So sei, betonte er 1835 im zweiten Band seines

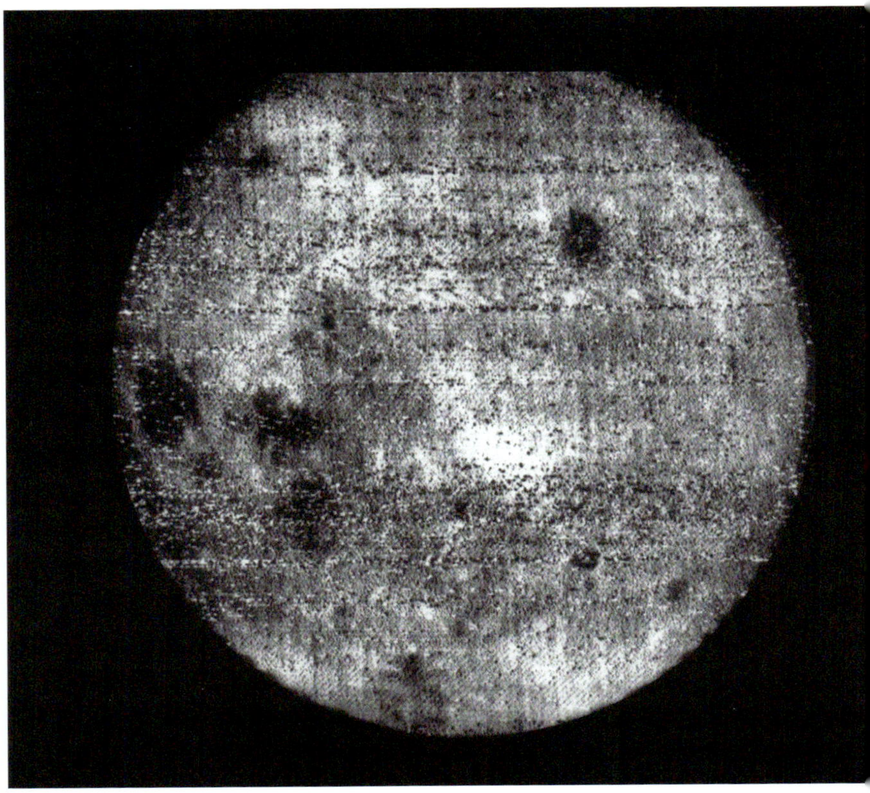

Das erste Foto von der Mondrückseite, aufgenommen 1959 von der Raumsonde Luna 3. Das Bild widerlegte ein arrogantes Argument des Philosophen Alfred Ayer von 1934.

Der Blick von außen: Die Erde, fotografiert aus einer Mondumlaufbahn vom Lunar Reconnaissance Orbiter am 12. Oktober 2015 aus 134 Kilometer Höhe über dem Krater Compton. Eine extraterrestrische Perspektive hilft dabei, unseren Heimatplaneten neu zu erkennen – und vielleicht auch unsere Stellung im All.

sechsbändigen *Cours de Philosophie Positive*, die Zusammensetzung der Sterne niemals eruierbar: „Wir verstehen die Möglichkeit, ihre Formen, Distanzen, Größen und Bewegungen zu bestimmen, doch wir werden niemals ihre chemische Zusammensetzung, ihre mineralogische Struktur und erst recht nicht die Natur organisierter Wesen kennen, die auf ihrer Oberfläche leben könnten."

Doch 1859, zwei Jahre nach dem Tod von Comte, begründeten Robert Bunsen und Gustav Kirchhoff in Heidelberg die Spektralanalyse, nachdem bereits 1802 William H. Wollaston und 1814 Joseph von Fraunhofer Absorptionslinien im Sonnenspektrum gefunden hatten. Mit den für jedes Element charakteristischen Spektrallinien lässt sich die Zusammensetzung der Sterne sehr wohl feststellen. Comte hatte sich also geirrt. Tatsächlich hatte Norman Lockyer 1868 das zweithäufigste Element im Universum sogar zuerst in der Sonne entdeckt, nämlich anhand der 588-Nanometer-Linie (erst 1895 fand es William Ramsey auch auf der Erde im Mineral Cleveit). Lockyer nannte es 1870 nach dem Sonnengott Helios Helium.

Der britische Sprachphilosoph Alfred J. Ayer begnügte sich mit einem nicht ganz so fernen Beispiel, um einen ähnlichen Punkt zu illustrieren – mehr im Hinblick auf die Bedeutung von Sätzen, aber ebenfalls als Kriterium der Abgrenzung von metaphysischen Aussagen. In einem Aufsatz in der Zeitschrift *Mind* vom Juli 1934 gab er folgendes Beispiel: „There is a mountain 10 000 feet high on the other side of the moon." Die Aussage sollte keine einer Amateur-Selenographie sein, sondern diente Ayer und der verifikationistischen Philosophie als Beispiel für eine zwar verständliche und im Prinzip überprüfbare Aussage, die aber in der Praxis niemals bestätigt werden könne.

Inzwischen ist der praktische Verifikationismus kein Abgrenzungskriterium mehr zwischen Wissenschaft und Nichtwissenschaft. So gab Karl Raimund Popper gute Argumente, dass die Falsifizierbarkeit (Widerlegbarkeit) wissenschaftlicher Aussagen relevanter ist. Außerdem kann die Spekulation von heute das Wissen von morgen sein, wie die Erkenntnis der Zusammensetzung der Sterne entgegen Comtes Behauptung verdeutlicht.

Das zeigte sich auch an Ayers Mond-Beispiel: Denn ein Vierteljahrhundert später erhaschte Lunik 3 (Luna 3) erstmals einen Blick auf die Mondrückseite. Die 1,3 Meter große und 278,5 Kilogramm schwere sowjetische Sonde war am 4. Oktober 1959 gestartet worden, flog am 6. Oktober in 6200 Kilometer Höhe über den Mond-Südpol und machte tags darauf erstmals Fotos von der erdabgewandten Seite: insgesamt 29 mit zwei Objektiven binnen 40 Minuten aus 63 500 bis 66 700 Kilometer Abstand. Nachdem sie an Bord entwickelt worden waren, konnten 17 via Bildfunk am 18. Oktober übertragen werden. Sie zeigten etwa 70 Prozent der Mondrückseite. Damit wurde offenkundig, dass dort helle kraterübersäte Hochländer vorherrschen, Höhenunterschiede stärker ausgeprägt sind als auf der Vorderseite und dunkle Tiefebenen weitgehend fehlen. Es gibt nur vier kleine Mondmeere (Mare Moscoviense, Mare Ingenii, Mare Australe und Mare Orientale), die etwa ein Zehntel der Fläche einnehmen. Lunik 3 machte klar, dass die dunkle Seite ebenfalls vom Sonnenlicht beleuchtet wird und gar nicht dunkel ist, sondern sogar heller als die Vorderseite. Der Mensch musste wieder einmal einsehen, dass sein Auge nur einen kleinen Weltausschnitt erkennen kann – und dass die fotografischen Mondkarten deshalb nur die Hälfte wert waren.

Utopia ohne Menschen

Seinen prominentesten Auftritt in der Philosophie hat der Mond im Buch *Das Untier* (1983). Darin skizziert Ulrich Horstmann „Konturen einer Philosophie der Menschenflucht", so der Untertitel. Er nimmt eine „anthropofugale Perspektive" ein und meint, „dass wir ein Ende machen müssen mit uns und unseresgleichen, so bald und so gründlich wie möglich – ohne Pardon, ohne Skrupel und ohne Überlebende". Die Natur ist hier unmittelbar vorbildlich, sodass der Mensch nur den Blick zu heben braucht, um die Utopie zu erkennen: „Den Nachruf setzt die anthropofugale Vernunft zu Lebzeiten auf, und billigerweise wird er seine Urheberin nicht überdauern. Doch die Materie ist großmütig und hat uns von Urbeginn ein Mahnmal an den Himmel gerückt, das uns fürderhin zugleich zum kosmischen Grabstein und Triumphbogen taugen soll: Nacht für Nacht steigt der Mond über den Horizont und stellt uns in schroffer und makelloser Schönheit die irdische Nachgeschichte paradiesisch vor Augen."

Daher fordert Horstmann – im Einklang mit der *Lehre vom Zerfall* (1978) von E. M. Cioran: „Das Paradies ist die Abwesenheit des Menschen" – einen „Schlussstrich [...] unter die atemlose Aufrechnung sich fort- und fortzeugenden Leids". Sein Lösungsvorschlag ist so konsequent wie endgültig: „Vermonden wir unseren stoffwechselsiechen Planeten! Denn nicht bevor sich die Sichel des Trabanten hienieden in tausend Kraterseen spiegelt, nicht bevor Vor- und Nachbild, Mond und Welt, ununterscheidbar geworden sind und Quarzkristalle über den Abgrund einander zublinzeln im Sternenlicht, nicht bevor die letzte Oase verödet, der letzte Seufzer verklungen, der letzte Keim verdorrt ist, wird wieder Eden sein auf Erden".

„Vermonden wir unseren stoffwechselsiechen Planeten!", hat Ulrich Horstmann vorgeschlagen, des endlosen Leidens hienieden überdrüssig. Das Foto stammt von Apollo 11 und zeigt ein Gebiet beim Krater Daedalus.

Die Rückkehr zum Mond

Menschheit und Mondbasis – Wissenschaft, Rohstoffe und die Zukunft im Sonnensystem

Mondleben: ESA-Generaldirektor Jan Wörner hat 2016 zum Aufbau eines internationalen lunaren Dorfs („Moon Village") aufgerufen. Es sollte flexibel erweiterbar sein und teilweise mithilfe von 3D-Druck aus Mondstaub befestigt werden.

Es war das klägliche Ende eines großen Aufbruchs: Nach den fulminanten bemannten sechs Apollo-Missionen der USA und den sowjetischen Landungen – einschließlich zweier Lunochod-Roboter sowie der automatischen Beförderung von drei Gesteinsproben zur Erde (zuletzt 1976) – gerieten Mondmissionen international vollkommen aus dem Fokus. Erst in den 1990er-Jahren begann allmählich eine Renaissance der Mondforschung, mit zunehmendem Engagement. In den 2000er-Jahren schickten erstmals auch andere Länder Sonden zum Mond – allesamt unbemannt und bis 2013 ohne weiche Landung.

1994 kehrten die USA mit der Raumsonde Clementine zum Erdtrabanten zurück – wenn auch nur mit einem kurzen, doch wissenschaftlich wertvollen Vorbeiflug. 1998 folgte Lunar Prospector, 2009 der Lunar Crater Observation and Sensing Satellite (LCROSS) sowie der noch immer im Orbit kreisende Lunar Reconnaissance Orbiter. Die europäische Raumfahrtagentur ESA sandte SMART-1 (Small Missions for Advanced Research in Technology) auf die Reise; die Mission dauerte von 2003 bis 2006 und endete mit einem gezielten Einschlag in der Formation Lacus Excellentiae. Japan startete 1990 Hiten (MUSES-A), die Mission scheiterte aber, sowie erfolgreich 2007 Selene, umbenannt in Kaguya. China stieß 2007 erstmals mit Chang'e 1 in die lunare Umgebung vor (Einschlag 2009) und entsandte zwei weitere Sonden; Chang'e 3 landete 2013 und gab das Robotfahrzeug Yutu frei. Auch Indien stieg 2008 mit Chandrayaan-1 in die Gemeinschaft der Mondfahrer ein (Projektil-Einschlag inklusive).

Nach insgesamt nun über fünf Dutzend unbemannten und bemannten Flügen sind gegenwärtig mehrere weitere Mondmissionen in Vorbereitung, darunter ein paar russische Luna-Sonden. Außerdem werden sowohl von China als auch von den USA und Russland – mit internationaler Zusammenarbeit – neue Landungen von Menschen angestrebt. An den entsprechend nötigen Raketen und Landesystemen wird bereits gearbeitet. Ob die teils schon sehr konkreten Pläne letztlich finanziert und umgesetzt werden, steht freilich in den Sternen.

Bald wieder Menschen auf dem Mond?

Verglichen mit den hochfliegenden Ideen und deren partiellen Realisierung in den 1960er- und frühen 1970er-Jahren hat sich die Mondfahrt in den letzten vier Dekaden recht kläglich entwickelt. Nicht einmal zu einem bemannten Flug um den Mond herum ist die Menschheit gegenwärtig technisch noch in der Lage – was aber nicht an den Kenntnissen liegt, sondern an der Finanzierung und praktischen Realisierung. Allerdings wäre die Interpretation falsch, dass die ersten Flüge zum Erdtrabanten notwendig in eine Sackgasse münden mussten. Das Problem bestand nicht darin, dass das Apollo-Programm den Mond erreicht hat, sondern wie dies geschah: Es ging nur darum, schnell zu landen – was danach kam, war nicht relevant. Dabei hatten NASA-Ingenieure schon damals vorgeschlagen, die obere Adaptersektion der Saturn-Rakete umzugestalten als Labor und Unterkunft für eine zweiköpfige Crew; so hätte ein sechs Meter großes Modul mit Vorräten für 100 Tage automatisch auf dem Mond aufsetzen können, Astronauten wären anschließen daneben gelandet.

2005 schien sich ein politischer Umschwung abzuzeichnen. US-Präsident George Bush jun. strebte damals im Rahmen des Constellation-Programms eine permanente, bemannte Mondbasis ab 2020 an mit späterer Marslandung. Dieser Plan wurde jedoch von seinem Nachfolger Barack Obama 2009 aus Kostengründen abgebrochen, zugunsten einer Mission zu einem erdnahen Planetoiden. Diese neue Zielvorgabe wurde wiederum von Donald Trump gestoppt. Obschon die Raumfahrt unter seiner Politik auch keine bedeutende Rolle spielt, ist gemäß der Space Policy Directive 1 der US-Regierung Ende 2017 der Mond erneut im Fokus und nicht ein Planetoid oder der Mars. Demnach erscheint eine Hinwendung der USA zum Mond jetzt wieder wahrscheinlicher, obwohl das NASA-Budget von rund 19 Milliarden Dollar pro Jahr dafür schwerlich ausreicht. Immerhin schafft die NASA derzeit eine erste Grundlage mit der Entwicklung des Space Launch Systems (einer 123 Meter hohen Rakete für 142 Tonnen Nutzlast) und des Orion Crew Exploration Vehicle für vier Astronauten. Auch die 2018 erstmals geflogene kommerzielle Rakete Falcon Heavy könnte für Mondflüge eingesetzt werden. Die russische Raumfahrtagentur Roskosmos kündigte ebenfalls bemannte Mondlandungen an: bis etwa 2030.

Bemerkenswert ist auch der Aufruf des ESA-Generaldirektors Jan Wörner 2016 zur Errichtung eines internationalen lunaren Dorfs („Moon Village"): „Meine Absicht ist es, eine permanente Basisstation auf dem Mond aufzubauen, und zwar eine offene Station für verschiedene Mitgliedsstaaten und andere Länder auf der Erde." Sie soll flexibel erweiterbar sein, einschließlich für kommerzielle Nutzer. Europa allein kann eine solche Initiative allerdings nicht ansatzweise realisieren.

Nachhaltige explizite Planungen existieren nur auf internationaler Ebene – und bislang ebenfalls lediglich auf dem Papier. Maßgeblich ist die Global Exploration Roadmap der internationalen Koordinationsgruppe ISECG (International Space Exploration Coordination Group), die gemeinsam von 15 Raumfahrtagenturen erarbeitet wurde – die USA, Kanada, Russland, die Ukraine, Europa, China, Japan und Indien eingeschlossen. ISECG führt eine Auswahl und Skalierung der Fahrzeuge und ihrer Treibstoffe, der Zwischenstationen und Missionsabfolgen an, um die künftige bemannte und unbemannte Erforschung des Sonnensystems vorzubereiten: von Raumstationen im nahen Erdorbit zum Mond, zu erdnahen Planetoiden sowie schließlich zum Mars und zu dessen Monden Phobos und Deimos. Anfang 2018 erschien die dritte Auflage dieser Roadmap mit zahlreichen Präzisierungen, Veränderungen und neuen Details; wobei mit der ersten bemannten Mondlandung nicht vor 2027 gerechnet wird, selbst unter günstigsten Bedingungen. Erstmals wurde auch die wachsende Bedeutung von Privatfirmen für die Raumfahrt gewürdigt.

Deep Space Gateway: So könnte sie aussehen, die für die 2020er-Jahre geplante kleine Raumstation in einer Mondumlaufbahn.

Und es wurde das internationale Konzept eines Deep Space Gateway vorgestellt, auch Lunar Orbital Platform Gateway genannt. Diese kleine bemannte Raumstation in einer Mondumlaufbahn könnte frühestens ab Mitte der 2020er-Jahre eine entscheidende Rolle nicht nur für Erkundungen spielen, sondern auch für weitergehende Missionen. Sie wäre sehr nützlich für eine Telerobotik der Monderforschung (vom DSG quasi in Echtzeit steuerbar, etwa in finsteren Kratern, während eine Fernsteuerung von der Erde aus bis zu fünf Sekunden dauern würde), einen Umschlagplatz für Missionen zur Mondoberfläche, für die Entnahme von Bodenproben mithilfe eines teilweise wieder verwendbaren Landers sowie ganz allgemein für Wissenschafts- und Technologieprojekte im tiefen Weltraum. Im ISECG-Report heißt es dazu: „Eine Raumstation in der lunaren Umgebung ist ein nächster Schritt für die Ausweitung der Fertigkeiten menschlicher Exploration jenseits des erdnahen Orbits. Sie kann viele wissenschaftliche Entdeckungen eröffnen. Die Präsenz von Menschen wird die Entwicklungen von Technologien und Verfahren ermöglichen, die das Risiko bemannter Missionen weiter hinaus ins Sonnensystem verringern. Außerdem kann die Mondoberfläche erforscht werden – ferngesteuert vom Gateway mithilfe von Robotern auch in solche Regionen, die für Menschen zu schwer zugänglich sind." Für das DSG kommen diverse Orbits in 100 bis 70 000 Kilometer mit Umlaufzeiten zwischen zwei Stunden und 14 Tagen in Betracht; zwischen den polaren, äquatorialen und unterschiedlich geneigten Orbits könnte automatisch gewechselt werden. Das DSG wäre zunächst nicht ständig bemannt. Es bestünde zuerst aus einem Modul mit Sonnenkollektoren und solarelektrischem Antrieb sowie einer Kommando- und Datenzentrale, einem Roboterarm und einem kleinen Labor. Es sollte Platz für bis zu vier Astronauten haben – nicht nur als Ausgangspunkt und „Rettungsinsel" für Mondmissionen, sondern auch für die Analyse von Bodenproben und Monderkundungen.

Ob und wann Menschen auf die Mondoberfläche zurückkehren, ist ungewiss. Doch die Pläne mehrerer Raumfahrtagenturen werden konkreter. Noch gibt es funktionierende Landemodule allerdings nur auf dem Papier.

Pläne und Probleme für eine lunare Basis

„Auf der Mondoberfläche gilt es, die richtige Balance zwischen Mobilität und fester Infrastruktur an ausgewählten Standorten zu finden. Das internationale Szenario sieht eine begrenzte Oberflächenkampagne mit Rovern vor. Die Mobilität und Autonomie der Rover könnte hierbei insbesondere auch Vorbereitung für entsprechende Anforderungen für Marsoberflächenfahrzeuge sein", erläutert Jürgen Schlutz vom Raumfahrtmanagement des Deutschen Zentrums für Luft- und Raumfahrt in Bonn. „Andere Szenarien gehen von größeren Mondstationen aus, die aufgrund der Beleuchtungsverhältnisse und der Wassereisvorkommen in Polnähe aufgebaut werden könnten. Für die Verwendung von Mondressourcen zur Treibstoffgewinnung und zur Versorgung der Station ist diese Umgebung wohl die vielversprechendste."

Falls es zu einer Kolonisation des Erdtrabanten kommt, dürfte diese wohl in vier Schritten erfolgen: In der Erkundungsphase werden mit ein paar Missionen einzelne Orte inspiziert, um die Entscheidung für eine Mondbasis zu legen. In der Gründungsphase wird die Basis aufgebaut, und die ersten Siedler werden darin leben, vielleicht zwei Dutzend. In der Wachstumsphase werden es bereits ein paar Hundert Leute sein, die die Kolonie erweitern, Erze abbauen, zu Produkten verarbeiten und so die Grundlage einer lunaren Industrie schaffen. In der Leistungsphase schließlich wird die Produktion nicht nur ausgeweitet, sondern aufgrund von Standortvorteilen gegenüber der Erde auch kommerziell lukrativ; eine Weltraumwerft und -tankstelle könnten dann entstehen sowie vielleicht das erste Raumschiff für einen Flug zum Mars.

Zunächst sind freilich zahlreiche Neuentwicklungen nötig: neben der möglichst wiederverwendbaren

Raketen- und Transporttechnik für die Flüge spezielle Wohn- und Arbeitsmodule (Habitate) für eine Mondbasis, robotische Fahrzeuge und Mondautos mit Druckkabinen, Gewächshäuser, Lagerstätten für Treib- und Rohstoffe, Energieanlagen – sowohl für Sonnen- als auch die wohl nötige Kernenergie. Gebraucht werden außerdem Anlagen für den Bau der Station sowie für die Gewinnung und Verarbeitung von Rohstoffen.

Ein Teil der Bauten lassen sich vor Ort aus Mondstaub produzieren – mithilfe von speziellen 3D-Druckern. Die ESA hat die prinzipielle Machbarkeit bereits demonstriert, allerdings mit Regolith-Analogen, das heißt irdischem Gesteinsmaterial mit ähnlichen Eigenschaften. „Die Mond-Backsteine werden aus Staub gemacht. Daraus kann man Straßen, Startplätze und Habitate bauen", sagt Aidan Cowley, Wissenschaftsberater der ESA. Auch in Deutschland arbeiten fünf Institute aus drei Universitäten daran, diese Prozesse zu verbessern – unter der Leitung des Instituts für Raumfahrtsysteme an der Technischen Universität Braunschweig (Projekt 3D4Space).

Nicht nur die extremen Temperaturdifferenzen und der Mangel an Luft sind ein Problem für ein Leben auf dem Mond, sondern auch das Fehlen eines Magnetfelds dort. Denn es schützt vor der energiereichen Strahlung aus dem All. (So gab es im August 1972 – zwischen Apollo 16 und 17 – eine solare Eruption, die mit einer Knochenmarkdosis von vier Gray für Astronauten lebensgefährlich gewesen wäre!)

Eine Strahlendosis von etwa 2,5 Millisievert pro Tag auf dem Mond entspricht der durchschnittlichen Jahresdosis in Deutschland durch die natürliche Strahlenexposition. Ein Aufenthalt von 60 Tagen hat also die aufsummierte Dosis vom 150 Millisievert zur Folge, bei der bereits klinische Symptome einer Strahlenkrankheit auftreten. Deshalb müssen sich Langzeit-Astronauten und Mondsiedler die meiste Zeit in Schutzräumen aufhalten.

Daher wäre es günstig, in Höhlen unter dem Boden zu leben; wenige Meter Tiefe würden ausreichen. Das hätte auch weitere Vorteile: Wände und Decken bestünden aus dem Fels vor Ort, müssten also nicht erst zum Mond gebracht werden. Die sublunare Basis wäre beliebig erweiterbar und vor Meteoriteneinschlägen geschützt, würde einen Teil der Temperaturschwankungen kompensieren, und der nötige Aushub könnte gleich für die Gewinnung von Metallen und Sauerstoff genutzt werden. Allerdings wäre für die Errichtung einer solchen Station schweres Bergbaugerät nötig.

Kein Vergnügungsort: Aufgrund der gefährlichen Strahlung aus dem All dürfen sich Menschen nicht zu lange auf der Mondoberfläche aufhalten. Eine Mondbasis muss entsprechend geschützt werden, etwa durch drei Meter dicke Wände aus Mondgestein.

Testfeld für Explorationen

„Bei der Erforschung des Weltraums fällt dem Mond eine Schlüsselrolle zu, weil er erstens nah, zweitens interessant und drittens nützlich ist", betont Markus Landgraf vom ESA-Zentrum ESTEC (European Space Research and Technology Centre) im holländischen Nordwijk. Denn auf und zu dem Mond gibt es tägliche Startfenster, kurze Transferzeiten, kaum Zeitverzögerungen bei der Kommunikation mit Raumstationen und der Erde; und der Mond ist erreichbar mit Techniken, die für den Erdorbit entwickelt und dort getestet wurden. Im Gegensatz zu ferneren Zielen halten sich die Anstrengungen und Herausforderungen von Reisen zum Erdtrabanten daher in Grenzen.

So kann eine Mondstation auch für den Test von menschlichen Langzeitaufenthalten unter reduzierter Schwerkraft dienen und zur Vorbereitung einer künftigen Marsmission. Auf dem Mond und in einer Raumstation in der Nähe können Menschen lernen, weit entfernt von der Erde in einer durchaus gefährlichen Umgebung zu leben: jenseits der schützenden Magnetosphäre und ihrer Gravitation, aber noch nahe genug, um notfalls in wenigen Tagen zurückzukehren – im Gegensatz zu einer viele Monate langen Mission zum Mars. Man kann Erfahrungen sammeln bei robotischen Explorationen und der Mensch-Maschine-Interaktion, beim Staubschutz, bei Probenentnahmen, -aufbewahrung und -analyse sowie mit sterilem Arbeiten (planetary protection, wichtig für Landungen auf dem Mars). Tests von elektrischen und nuklearen Antrieben und

Geräten werden genauso erfolgen wie Erprobungen von Recyclingsystemen und Nahrungsmittelanbau.

„Exploration ist eine Kombination von Neugier und Gelegenheit", bringt es David Parker auf den Punkt. „Der Besuch neuer Orte und die Rückkehr mit neuen Erfahrungen und Erkenntnissen helfen uns auch hier auf der Erde", sagte der Direktor der Abteilung Human Spaceflight und Robotic Exploration der ESA anlässlich einer großen internationalen Konferenz, die im Juli 2018 am ESTEC stattfand. Dort trafen sich Spezialisten aus zahlreichen Raumfahrtagenturen, Forschungsinstituten und Firmen, um über die Exploration des Erdtrabanten zu beraten sowie über die Gewinnung von Ressourcen dort. Manche sehen den Mond bereits als eine Art achten Kontinent der Erde, auch wenn er von ihr tausendmal weiter entfernt ist als die Internationale Raumstation.

Weltraumflüge vom Mond aus sind energetisch viel günstiger als von der Erde aus, denn die lunare Fluchtgeschwindigkeit beträgt mit 2,4 Kilometer pro Sekunde weniger als ein Viertel der irdischen. So benötigt der Start eines sieben Tonnen schweren Sojus-Raumschiffs 157 Tonnen Treibstoff, der Start eines 2,1 Tonnen schweren Lunar-Moduls im Apollo-Programm verbrauchte hingegen nur 2,6 Tonnen. Im optimalen Fall ist bei einem Mondstart lediglich ein Zweiundzwanzigstel der kinetischen Energie eines irdischen Raketenstarts notwendig. Somit wäre ein Weltraumbahnhof auf dem Mond oder in einem Mondorbit eine lukrative Wahl bei der weiteren Exploration oder gar Besiedlung des Sonnensystems.

Vom Mond oder aus lunaren Orbits lassen sich auch günstiger Missionen weiter hinaus ins Sonnensystem starten. Teilweise können die Treibstoffe sogar auf dem Mond produziert und die Raumschiffe in einer Umlaufbahn zusammengebaut werden. Die Wartung und Betankung wiederverwendbarer Schiffe ist ebenfalls energetisch effizienter als auf der Erde.

Baustoff wie gedruckt: Experimente mit 3D-Druckern und irdischem Gestein, das der Zusammensetzung von Mondsteinen ähnelt, zeigen, dass sich eine Mondbasis größtenteils aus dem Material vor Ort errichten lässt.

Berg des ewigen Lichts

Für eine Mondbasis sehr interessant sind die Polregionen: Vor allem in Kratern beim Südpol, in die kein Sonnenstrahl gelangt, scheint es Wassereis zu geben – ein wertvoller Rohstoff, der die Kosten drastisch reduzieren würde, weil das Wasser dann nicht von der Erde gebracht werden müsste. Es sind bereits mehrere Orte im Fokus, hauptsächlich der 21 Kilometer große Shackleton-Krater. Ein Teil seines Rands erhält selbst im lunaren Winter noch über drei Viertel des Tages Sonnenlicht – gut für Solarkraftwerke –, ein anderer Teil dagegen liegt in ewiger Dunkelheit – gut für ein Observatorium. Am 4,2 Kilometer tiefen Kraterboden, 6,6 Kilometer im Durchmesser, herrschen minus 183 Grad Celsius. Der Astronom Paul D. Spudis von der Johns Hopkins University in Baltimore hält diesen „Berg des ewigen Lichts" für das „wertvollste Grundstück im Sonnensystem". Auch der 70 Kilometer große und fünf Kilometer hohe Krater Malapert ist vielversprechend für eine Mondsiedlung: Er liegt fast kontinuierlich im Sonnenlicht und ist zugleich permanent von der Erde aus sichtbar – gut für einen stetigen Funkkontakt. Seine Distanz von Shackleton beträgt 120 Kilometer.

Bestens geeignet für eine Mondbasis wären außerdem Lavatunnel. Solche Relikte vulkanischer Aktivitäten gibt es auch auf der Erde, etwa auf Hawaii. Man könnte sie ohne großen Aufwand ausbauen und hätte geschützte Räume unter der Mondoberfläche. Der mutmaßliche Tunnel von Marius Hills – wahrscheinlich 34 Meter tief und 65 Meter im Durchmesser – ist ein exzellenter Kandidat. Weitere befinden sich im Mare Tranquillitatis und Mare Ingenii.

Lunatische Forschungsaussichten

Für einen langfristigen menschlichen Aufenthalt auf dem Mond gibt es viele Gründe, nicht nur explorative, technische, ökonomische und kulturelle. Wissenschaftlich gesehen sind es natürlich zunächst die Erforschung des Mondes selbst, aber auch Forschungen vom Mond aus und auf dem Mond.

- So sind noch weite lunare Bereiche nahezu unbekannt. Gesteinsproben gibt es nur von wenigen Orten – von den Polregionen und der erdabgewandten Seite überhaupt nicht. Auch zum Mondinneren sowie zu den Einflüssen des Sonnenwinds und der Kosmischen Strahlung sind viele Fragen offen. Neue Analysetechniken erlauben zudem Erkenntnisse, die im Apollo-Zeitalter nicht möglich waren; so konnte erst ab 2008 Wasser in Gesteinsproben von Apollo 15 und 17 nachgewiesen werden.
- Außerdem ist der Mond ein wichtiges Archiv für die Geschichte des Sonnensystems, da er im Gegensatz zur Erde (sowie Mars und Venus) kaum durch Erosionsvorgänge malträtiert wurde. Vor allem Rückschlüsse auf die Vorgänge im frühen Sonnensystem lassen sich dort viel besser ziehen.
- Zentral ist ein genaueres Verständnis der Entstehungs- und Entwicklungsgeschichte des Mondes im Inneren und an der Oberfläche, was wiederum neue Einsichten zur Bildung der Erde ermöglicht.
- Vielleicht finden Astronauten sogar Meteoriten, die – durch heftige Einschlägen ins All gesprengt – von der Erde stammen. (Auf der Erde sind einige Meteoriten vom Mond entdeckt worden.) Das würde ein neues Zeitfenster in die irdische Vergangenheit öffnen, mit interessanten geologischen und vielleicht auch biologischen Einsichten.
- Anhand von Spuren im Mondstaub wird sich die Vergangenheit des Sonnenwinds rekonstruieren lassen. Ablagerungen in Polkratern könnten verraten, welche Moleküle – auch organische – mit Kometen zur Urerde gelangt sind.
- Ein Observatorium auf der erdabgewandten Seite oder am Südpol in ewiger Dunkelheit (oder in einem Mondorbit) kann neue und tiefere Blicke ins Weltall eröffnen, unbehelligt von der Erdatmosphäre und -umgebung. In der geringen Mondschwerkraft lassen sich größere und letztlich preiswertere Riesenteleskope errichten, warten und erweitern. (Das Hubble-Weltraumteleskop kostete rund 2,5 Milliarden Dollar, die im Bau befindlichen 30-Meter-Teleskope auf der Erde schlagen mit mehr als der Hälfte davon zu Buche.)
- Auch ein Radioteleskop für niedrige Frequenzen auf der Mondrückseite wäre ideal, denn auf der Erde wird alles unterhalb von 20 Megahertz durch die Ionosphäre und Interferenzen sehr gestört.

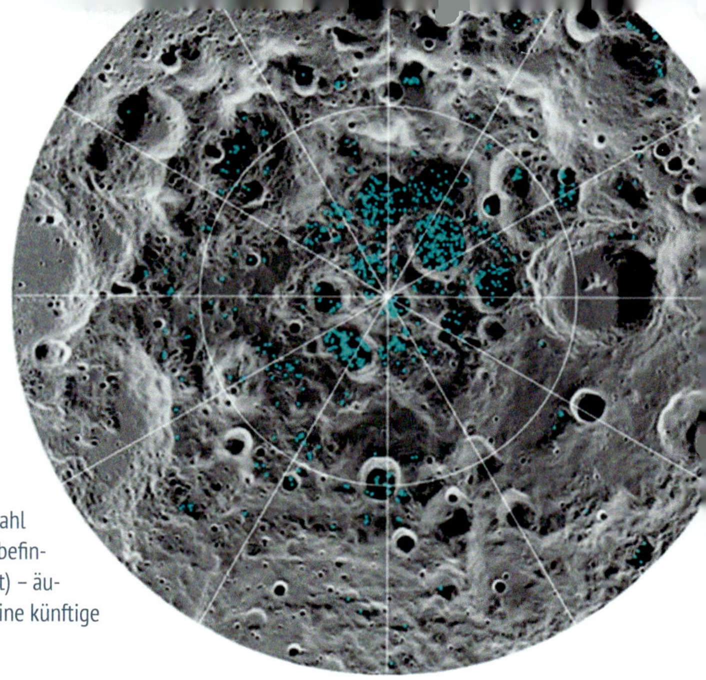

Wasser auf dem Mond: Messungen der Raumsonde Chandrayaan-1 fanden, dass sich in zahlreichen Kratern am Südpol, in die niemals ein Sonnenstrahl gelangt, Wassereis befindet (blau eingefärbt) – äußerst nützlich für eine künftige Mondstation.

- Detektoren zur Messung von Neutrinos, der Kosmischen Strahlung sowie von Staub und Mikrometeoriteneinschlägen können auf der Mondoberfläche großflächig verteilt werden.
- Längerfristig ist eine Station zur Identifikation und Abwehr von Planetoiden denkbar, denn solche Himmelskörper werden irgendwann wieder auf der Erde einschlagen und verheerende Schäden anrichten.
- Alter und Größenverteilung der Mondkrater wiederum lassen Rückschlüsse zu auf die Größen sowie die Einschlagshäufigkeit und -frequenz der unterschiedlichen Planetoiden und Kometen auf dem Mond und deren Größen.
- Die Zusammensetzung und Dynamik der äußeren Sonnenatmosphäre ließe sich ungestört von der irdischen Lufthülle studieren; und die Erdexosphäre (Geokorona), die halb zum Mond reicht, könnte anhand ihrer Ultraviolettstrahlung genauer analysiert werden.
- Die Grundlagenforschung kann von den lunaren Bedingungen ebenfalls profitieren. So ist der Bau großer Linearbeschleuniger denkbar, für die das nötige Vakuum und die Tieftemperaturen gleichsam gratis wären. Fallexperimente – auch mit Antimaterie – könnten subtile physikalische Effekte aufspüren. Quantenverschränkungen lassen sich auf Größenskalen der Erde-Mond-Distanz untersuchen. Mittels neuer Reflektoren auf dem Mond kann der Erdabstand mit Laserstrahlen noch genauer gemessen werden, was bessere Präzisionstests der Allgemeinen Relativitätstheorie ermöglicht.
- Die geringere Gravitation ist zudem hinsichtlich ihrer biologischen Auswirkungen hochinteressant

Späher beim Erdtrabanten: Der Lunar Reconnaissance Orbiter scannt seit September 2009 die Mondoberfläche und macht Fotos und Höhenmessungen in bisher unerreichter Präzision. Beispielsweise flog er in nur 20 Kilometer Höhe über den Shackleton-Krater am Südpol, dessen Boden im ewigen Schatten liegt (Illustration).

(auch im Vergleich zur Schwerelosigkeit), ebenso physiologische Veränderungen außerhalb der Erdmagnetosphäre.

Schätze auf dem Erdtrabanten

Die Mondoberfläche ist keineswegs eine wertlose Einöde, sondern eine Quelle wichtiger Ressourcen, falls man sie zu nutzen versteht. Und das gilt nicht nur für die Mineralien. Im Regolith des Oceanus Procellarum, so die Ergebnisse von Apollo 12, stecken 43 Prozent Sauerstoff, 22 Prozent Silizium, 12 Prozent Eisen, 8 Prozent Calcium, 7 Prozent Aluminium und 6 Prozent Magnesium. 31 Prozent der Mineralien sind Pyroxen, 46 Prozent eine Art Glas. In anderen Regionen herrschen unterschiedliche Verhältnisse, doch überall gibt es wertvolle Metalle wie Aluminium, Titan und Magnesium – sogar in größeren Konzentrationen als auf Erde – sowie Eisen. Auch das Silizium wäre gut verwendbar, besonders für Solarzellen.

Sauerstoff, das häufigste lunare Element, ist äußerst wichtig für künftige Mondsiedler, da es als eine Grundlage für die Herstellung von Atemluft, Wasser und chemische Raketentreibstoffe (als Oxidator) dienen kann – also nicht kostspielig von der Erde herbeizuschaffen wäre. Allerdings steckt es chemisch gebunden in den Mineralien und müsste erst daraus extrahiert werden. (Das geht beispielsweise mithilfe von Wasserstoff oder Fluor, doch diese Elemente gibt es kaum auf dem Mond.) Larry Clark vom Entwicklungslabor für Raumschifftechnologie bei Lockheed Martin schätzte, dass ein Stück Mondoberfläche halb so groß wie ein Basketballfeld vier Astronauten 75 Tage lang mit Sauerstoff versorgen könnte.

Sehr hilfreich auf der Mondoberfläche wären Wasservorkommen. Tatsächlich gibt es Indizien dafür, dass Wassereis in der Größenordnung von insgesamt einem Kubikkilometer in tiefen, niemals von der Sonne beschienenen Kratern an den Polen lagert, eingebracht vor allem von abgestürzten Meteoriten. So fanden dort bereits 1994 und 1998 die Sonden Clementine und Lunar Prospector Hinweise auf Wassereis und gefrorene Gase. Dann inspizierte Chandrayaan-1 ein paar Dutzend Krater am Nordpol; die Sonde erbrachte im November 2008 auch einen direkten Nachweis durch den Einschlag eines Projektils (Moon Impact Probe) im Shackleton-Krater – ähnlich wie im Oktober 2009 dann LCROSS im benachbarten Cabeus-Krater. Eine neue Analyse der Chandrayaan-Daten von Shuai Li, University of Hawaii in Manoa, publiziert im August 2008, ergab, dass lediglich gut drei Prozent der schattigen Kraterböden Eis besitzen – wie viel und tief, ist unklar.

Besonders lukrativ könnte in einigen Jahrzehnten Helium-3 werden. Das seltene Isotop kommt im Mondstaub, eingebracht vom Sonnenwind, viel häufiger vor als auf der Erde. Es kann künftig für die Energiegewinnung mithilfe von Kernfusionsreaktoren wichtig werden. Davon wären allerdings jährlich etwa 100 Tonnen nötig, um den gegenwärtigen irdischen Energiebedarf vollständig zu stillen. Um ein Kilogramm Helium-3 zu gewinnen, müssten schätzungsweise 100 000 bis eine Million Kubikmeter Regolith auf 800 Grad Celsius erhitzt werden; anschließend wäre eine Separation und Destillation des flüchtigen Isotops bei minus 271 Grad nötig. „Das Konzept ist nur sinnvoll, wenn die technischen Probleme einer kontrollierten Fusion von Deuterium und Helium-3 gelöst sind und die Kosten der Produktion von Helium-3 auf dem Mond sowie dessen Transport zur Erde deutlich geringer wären als eine Million Dollar pro Kilogramm – entsprechend dem Wert seines Energieinhalts“, sagt Wolfgang Seboldt, der beim Deutschen Zentrum für Luft- und Raumfahrt dazu eine Studie verfasst hat. Er ist skeptisch: „Die ökonomische Nutzung lunarer volatiler Komponenten ist fraglich. Riesige Mengen Regolith müssten dabei prozessiert werden.“

Die Zukunft der Menschheit

Eine Besiedlung des Mondes hätte freilich noch andere Möglichkeiten und Aussichten.

- Eine Mondstation ist eine Investition in den Handelspartner der Erde von übermorgen. Vielleicht wird es wie mit Amerika werden: 400 Jahre nach Kopernikus' Entdeckung dominieren die USA den Welthandel.
- Für Touristen würden sich ganz neue Betätigungsfelder erschließen, beispielsweise Mondgolf und andere Sportarten unter reduzierter Schwerkraft, Fahrten und Rennen mit Mondautos oder das Klettern auf Berge, die nie zuvor bestiegen wurden. Die Anreisekosten wären freilich immens. Ein Leben außerhalb der Erde wäre jedenfalls spannend, und Touristenziele hat der Mond auch zu bieten – die Apollo-Landestellen eingeschlossen, die dann zu geschützten Museen würden.
- Auch andere kommerzielle Nutzungen dürften folgen: von der Kulissen krasser Reality-Shows bis hin zu extraterrestrischen Steuerparadiesen.
- Mondfabriken zum Bau von Raumschiffen und anderen großen, schweren Gütern sind für die weitere Exploration und Besiedlung des Sonnensystems nötig.
- Außerdem kann der Mond als erste außerirdische Arche dienen für Menschen, die jede irdische Katastrophe überleben würden. Erstmals wäre unsere Spezies nicht vollkommen auf ihren Planeten beschränkt. Und sehr, sehr langfristig gedacht kann sie ohnehin nicht auf der Erde – oder im Sonnensystem – verweilen, denn die Sonne wird immer heißer. Sie wird die Erde versengen und in 7,6 Milliarden Jahren schließlich sogar verschlingen.

Doch vielleicht muss sich die Menschheit, wenn sie die nächsten Jahrhunderte überleben will, ohnehin bald teilen wie Bienenkolonien, weil sie zu groß geworden ist für einen Planeten. Allerdings bedeutet der Aufbruch ins All keine Vernachlässigung der Erde; vielleicht führt sie diese sogar zum Erblühen.

„Wollen wir auf dem Mars chinesische, russische, europäische und amerikanische Stationen, oder wollen wir dort einen Außenposten der Menschheit errichten? Brauchen wir im All Geld und kapitalistische Marktwirtschaft, oder gibt es besser geeignete Methoden, das gesellschaftliche Miteinander zu koordinieren? Ist die parlamentarische Demokratie eine geeignete Regierungsform für die Verwaltung von Welt-raumstädten, oder gibt es Alternativen?", fragt Hans-Arthur Marsiske. „Schärfer als auf der Erde, wo historisch gewachsene Traditionen viele Veränderungen behindern, stellt sich im Weltall die Frage, wie wir leben wollen. Die Antworten, die wir dort oben finden, werden auch die Erde beflügeln und ihr friedliches Zusammenwachsen zu einem einheitlichen Organismus befördern", meint der Soziologe und Journalist.

Auch der Astronom Paul D. Spudis von der Johns Hopkins University betont die kosmische Perspektive: „Die Mission einer Rückkehr zum Mond sollte darin bestehen, den Gebrauch außerplanetarer Ressourcen zu lernen. Die Fähigkeit, solche Ressourcen zu identifizieren, zu charakterisieren, zu extrahieren und zu nutzen, ist unabdingbar, wenn die Menschheit eine Zukunft im Weltall haben soll. Die Rückkehr zum Mond wird uns von den lästigen logistischen Zwängen befreien, die uns an die Erde binden, und ist damit der erste Schritt zur wirklichen Unabhängigkeit im All und zu anderen Planeten."

Und Florian Nebel schreibt in seinem Buch *Die Besiedlung des Mondes* (2017): „Nach einer Besiedlung des Mondes teilt sich der menschliche Lebensraum nicht mehr in Deutschland, Frankreich und Italien, oder Amerika und Europa, sondern in Mond und Erde. Das sollte auch eine Veränderung in der Wahrnehmung der restlichen Menschheit als Erdbürger bewirken." Der Physiker und Systemingenieur in der Luft- und Raumfahrtbranche ist überzeugt: „Wenn nochmal in ein Mondprogramm investiert wird, dann nur aus einem Grund: Um dort bleiben zu können. Es sollte eine Siedlung gegründet werden, und die Siedlung sollte unabhängig sein können. Überlebensfähig ohne Unterstützung von der Erde. Nur wenn die Siedlungen produzieren, können sie sich an Missionen zu immer weiter entfernten Planeten und Monden beteiligen. Nur durch diese Beteiligung wird die Expansion der Menschheit in die Tiefen des Weltraums finanzierbar und damit umsetzbar."

Was sich in Zukunft auch immer entfalten wird – Michael Collins, der Pilot der Kommandokapsel von Apollo 11, hat vielleicht den zukunftsweisendsten Gedanken zur Weltraum-Exploration formuliert: „Apollo hat noch in anderer Hinsicht ein interessantes Zeichen für die Zukunft gesetzt. Es war wahrscheinlich die einzige größere menschliche Expedition, bei der keine Waffen mitgeführt wurden."

Autoren

Thomas Bührke hat in Göttingen und Heidelberg Physik studiert und am Max-Planck-Institut für Astronomie in Heidelberg promoviert. Seit langem ist er als Wissenschaftsjournalist und Buchautor tätig. Die erste Mondlandung hat er als raumfahrtbegeisterter Junge nachts am Fernsehen verfolgt. Ein halbes Jahrhundert später erstaunt ihn wieder, wie in kurzer Zeit und unter großen Anstrengungen und Risiken das Apollo-Programm wagemutig und entschlossen durchgezogen worden ist.

Von Thomas Bührke stammen die Kapitel ab Seite 22, 26, 32, 36, 42, 46, 50, 78 und 80.

Thorsten Dambeck ist promovierter Physiker und Wissenschaftsautor. Er wurde früh vom Weltall-Virus infiziert: Bereits als Grundschüler saß er vor dem Schwarz-Weiß-Fernseher, um die historischen Schritte auf dem Mond mitzuerleben. Als NASA-Sonden dann 1976 erste Fotos von der Marsoberfläche sandten, war es um ihn geschehen. Er studierte Physik und widmete sich in der Freizeit der Amateurastronomie. Im Nachhinein überrascht es ihn, dass die Apollo-Flüge fast durchgängig erfolgreich waren und keine Astronauten zu Schaden kamen. Auch wenn manchmal nur knapp eine Katastrophe verhindert wurde.

Von Thorsten Dambeck stammen die Kapitel ab Seite 18, 58, 62, 64, 68, 72, 74, 88 und 96.

Rüdiger Vaas ist Wissenschaftsjournalist, Philosoph, Dozent, Autor von 14 Büchern sowie seit dem Jahr 2000 Astronomie- und Physik-Redakteur beim Monatsmagazin *bild der wissenschaft*. Er würde sich gerne auf den Mond schießen lassen, am besten in den Apollo-Krater, und bezeichnet die Landung von Apollo 11 manchmal als seine „früheste Erinnerung".

Von Rüdiger Vaas stammen die Kapitel ab Seite 6, 14, 52, 84, 94, 100, 102, 106, 110, 114, 116 und 120.

Bildredaktion

Ruth Rehbock hat Biologie und Journalistik in Konstanz und Hohenheim studiert. Seit 2001 recherchiert sie als Bildredakteurin für die Zeitschrift *bild der wissenschaft* Fotos aus allen Wissenschaftsbereichen. So intensiv, wie für diese Sonderausgabe, war sie jedoch noch nie im All unterwegs. Besonders beeindruckt ist sie von der psychischen Kraft der Apollo-Astronauten, die in großer Einsamkeit und Einöde, weit entfernt von der Zivilisation, mit klarem Verstand ihre Aufgaben absolvierten und jede kritische Situation meisterten.

Bildnachweis

S. 2/3: NASA; S. 6/7: NASA/G. Cernan; S. 8: NASA; S. 9: akg-images/Fototeca Gilardi; NASA/GSFC; akg-images; S. 10: National Space Science Data Center, NASA GSFC, Ergänzung: R. Vaas, Bearbeitung: K. Marx; S. 11: NASA; T. Dambeck, R. Vaas; S. 12/13: NASA; S. 14: NASA; S. 15: akg-images/Archive Photos; NASA/A. Siddiqi; S. 16: akg-images/SPL; S. 17: NASA (2); S. 18–21: NASA (6); S. 22–25: NASA (6); S. 26: National Reconnaissance Office/NASA; S. 27: SPL/akg-images; NASA; S. 28: NASA/GSFC/Arizona State University; Bembmv; S. 29: alldayru.com via ESA; spacefacts.de via ESA; S. 30: picture-alliance/dpa; S. 31: imago/United Archives; akg-images; S. 32–35: NASA (5); S. 36–39: NASA (7); S. 40/41: NASA; S. 42–45: NASA (7); S. 46–49: NASA (6); S. 50–51: NASA (3); S. 52–57: NASA (6); S. 57: imago/ZUMA Press; S. 58–61: NASA (7); S. 62–63: NASA (4); S. 64–67: NASA (5); S. 65 o.: D. Stöffler/NASA; S. 68–71: NASA (7); S. 72–73: NASA (3); S. 74–75: NASA (5); S. 76/77: NASA, ISS; S. 78: mauritius images/T. Payne/Alamy; S. 79: iStock.com (2); Black and Decker; S. 80: NASA; S. 81: NASA Earth Observatory; akg-images; S. 82–83: NASA (4); S. 84: NASA; S. 85: picture-alliance/The Advertising Archives; NASA (2); S. 86: NASA; S. 87: NASA Earth Observatory; NASA GSFC; S. 88: NASA/Goddard/Arizona State University; S. 89: NASA Scientific Visualization Studio (2); NASA/JPL-Caltech/GSFC/MIT; S. 90–91: NASA/GSFC/Scientific Visualization Studio (4); S. 92: Illustration NASA/JPL-Caltech/T. Pyle (SSC); S. 93: NASA/MSFC/D. Needham; Lunar and Planetary Science Institute/D. Krug; NASA/GSFC; S. 94: NASA/NOAA; S. 95: The Image Bank/Getty Images; S. 96: imageBROKER/Getty Images; S. 97: Science Source/Getty Images; F. Raible, Universität Wien; S. 98/99: lisima/Shutterstock.com; S. 100: INTERFOTO/Friedrich; akg-images/SPL; S. 101: akg-images/Science Source; S. 102: akg-images; S. 103: mauritius images/The Picture Art collection/Alamy; akg-images/Pictures from History; akg-images; S. 104: De Agostini/Getty Images; S. 105: mauritius images/NMUIM/Alamy; akg-images; S. 106: Heritage Images/Fine Art Images/akg-images; S. 108–109: akg-images (3); S. 110: NASA; S. 111: Archive Photos/Getty Images; akg-images; S. 112: Redferns/Getty Images; S. 113: imago; S. 114: mauritius images/Collection Christophel/Star Film; S. 115: INTERFOTO/M. Evans/Illustrated London News Ltd; akg-images/Horst von Harbou, Stiftung Deutsche Kinemathek; S. 116: mauritius images/I. Dagnall/Alamy; S. 117: NASA; S. 118: NASA/Goddard/Arizona State University; S. 119: NASA; S. 120 Illustration: ESA/Foster+Partners; S. 121, 122: Illustrationen NASA; S. 123: Illustration ESA/Foster+Partners; S. 124: ESA; S. 125: NASA/JPL-Caltech; S. 126: NASA Scientific Visualization Studio.